時間15分　合格80点　/100

月　日

I　小数と整数

[整数も小数も、10個集まると位は１つ上がり、10等分すると１つ下がります。]

1 1654と1.654について、□に位を表す数を書きましょう。　教上13ページ1

30点(□1つ5)

① 1654

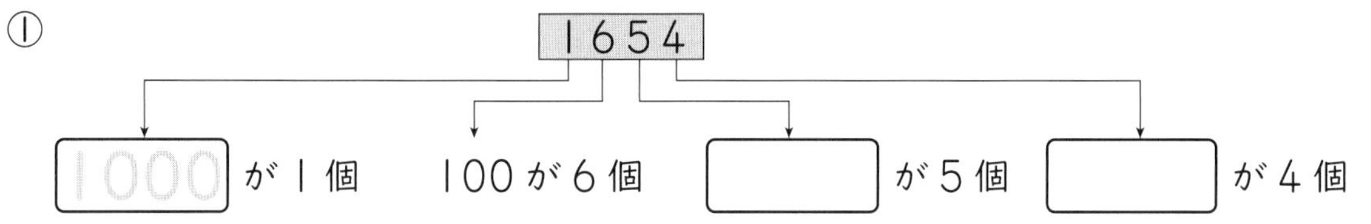

□(1000)が１個　100が６個　□が５個　□が４個

② 1.654

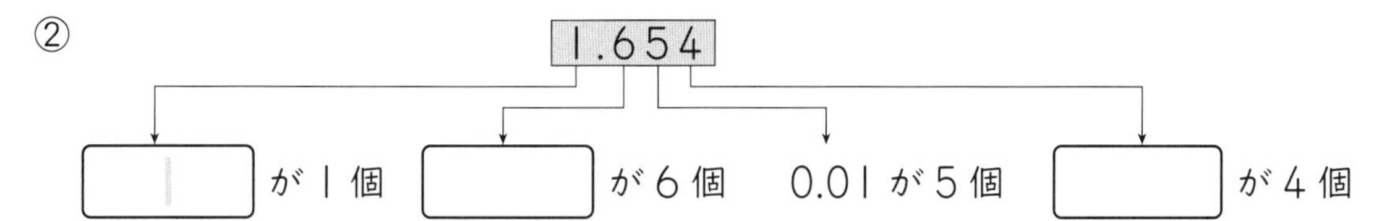

□(1)が１個　□が６個　0.01が５個　□が４個

2 次の□にあてはまる数を書きましょう。　教上13ページ1　50点(□1つ5)

① 357.64は、□を３個、10を５個、□を７個、□を６個、□を４個合わせた数です。

② 0.905は、□を９個、□を５個合わせた数です。

③ 1.384=1+0.3+0.08+0.004

=1×□+0.1×□+0.01×□+0.001×□

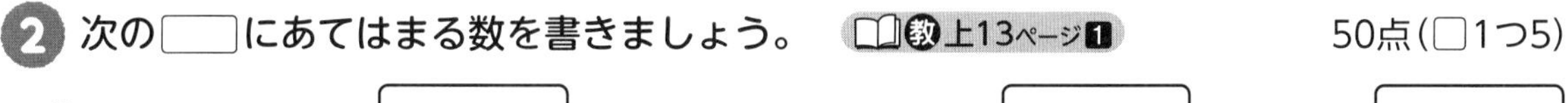

ミスに注意！

3 0から9までの10個の数字全部を１回ずつと小数点を使って、次の数を作りましょう。

教上14ページ2　20点(1つ10)

① いちばん小さい数。

(　　　　　)

② １より大きくて、１にいちばん近い数。

②では、一の位を１にするといいね。

(　　　　　)

教科書 上12～14ページ

合格 80点 /100

月　日

サクッとこたえあわせ

答え 81ページ

1　小数と整数 ……(2)

[ある数を 10 倍すると、小数点は右へ 1 けた移(うつ)ります。]

1 1.58 を 10 倍、100 倍、1000 倍した数を求めましょう。 教 上15～16ページ 2

15点(1つ5)

	千	百	十	一	$\frac{1}{10}$	$\frac{1}{100}$
				1	5	8
1.58 の 10 倍 →						
1.58 の 100 倍 →						
1.58 の 1000 倍 →						

10 倍、10 倍、10 倍、10 倍、100 倍、1000 倍

1.58 → 15.8 → 158. → 1580.（10 倍、100 倍、1000 倍）

10倍するごとに、小数点は右へ 1けたずつ移っていきますよ。

2 次の数を 10 倍、100 倍、1000 倍した数を書きましょう。 教 上15～16ページ 2、1

45点(1つ5)

① 17.6
10 倍 (　　　)
100 倍 (　　　)
1000 倍 (　　　)

② 9.42
10 倍 (　　　)
100 倍 (　　　)
1000 倍 (　　　)

③ 0.05
10 倍 (　　　)
100 倍 (　　　)
1000 倍 (　　　)

ミスに注意!

3 次の問いに答えましょう。 教 上16ページ 1

40点(1つ10)

① 38.5 は、3.85 を何倍した数ですか。 (　　　)

② 516 は、5.16 を何倍した数ですか。 (　　　)

③ 70 は、0.7 を何倍した数ですか。 (　　　)

④ 790 は、0.79 を何倍した数ですか。 (　　　)

合格 80点 ／100

サクッとこたえあわせ　答え 81ページ

1　小数と整数　……(3)

［ある数を $\frac{1}{10}$ にすると、小数点は左へ１けた移（うつ）ります。］

1 268を $\frac{1}{10}$、$\frac{1}{100}$ にした数を求めましょう。　教 上16〜17ページ3　30点(1つ15)

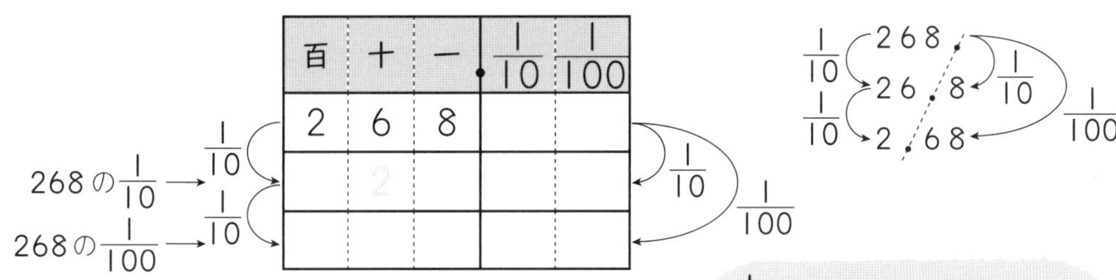

$\frac{1}{10}$ にするごとに小数点は左へ１けたずつ移っていくよ。

2 次の数を $\frac{1}{10}$ にした数を書きましょう。　教 上16〜17ページ3、1　20点(1つ5)

① 594　（　　　）

② 60.72　（　　　）

③ 365.7　（　　　）

④ 8.53　（　　　）

3 次の数を $\frac{1}{100}$ にした数を書きましょう。　教 上16〜17ページ3、1　20点(1つ5)

① 189　（　　　）

② 471.3　（　　　）

③ 6.2　（　　　）

④ 29.51　（　　　）

ミスに注意！

4 次の問いに分数で答えましょう。　教 上17ページ1　30点(1つ10)

① 0.536は、53.6の何分の一の数ですか。　（　　　）

② 40.96は、409.6の何分の一の数ですか。　（　　　）

③ 0.087は、8.7の何分の一の数ですか。　（　　　）

教科書 上16〜17ページ

合格 80点 ／100

月　日

2　合同な図形

①　合同な図形

[合同な図形は、ぴったり重なる図形のことです。]

1 合同な三角形はどれとどれですか。２組答えましょう。 教 上21〜22ページ 1

20点(1つ10)

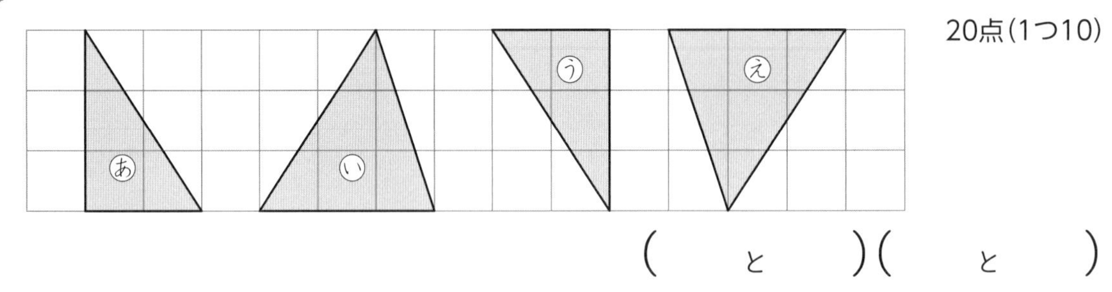

(　　と　　)(　　と　　)

ミスに注意！

2 右のㇵの三角形とイの三角形は合同です。このとき、次の問題に答えましょう。

教 上22ページ 1　45点(1つ15)

A（エー）、B（ビー）、C（シー）、ア、D（ディー）、E（イー）、F（エフ）、イ

① 辺ABに対応(たいおう)する辺はどれですか。
(　　　　)

② 頂点(ちょうてん)Eに対応する頂点はどれですか。
(　　　　)

③ 角Cと同じ大きさの角はどれですか。
(　　　　)

3 右のアとイの四角形は合同で、辺ABと辺GHが対応していて、角Cは直角です。このとき、次の問題に答えましょう。

教 上23ページ 2　35点(1つ5)

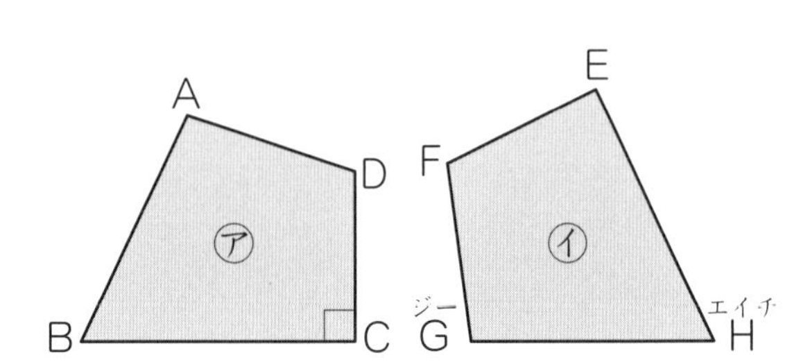

① 次の辺に対応する辺はどれですか。

辺BC(　　　　)　辺EF(　　　　)

② 次の頂点に対応する頂点はどれですか。

頂点D(　　　　)　頂点G(　　　　)

③ 次の角に対応する角はどれですか。

角B(　　　　)　角E(　　　　)

④ イの四角形で、直角となる角はどれですか。

(　　　　)

対応する頂点と頂点を線で結ぶと、わかりやすくなるよ。

2 合同な図形

② 合同な図形のかき方

合格 80点 /100

月 日

1 左の三角形と合同な三角形をかいています。下のあ～うのどの手順があてはまりますか。 教上25～27ページ1 20点

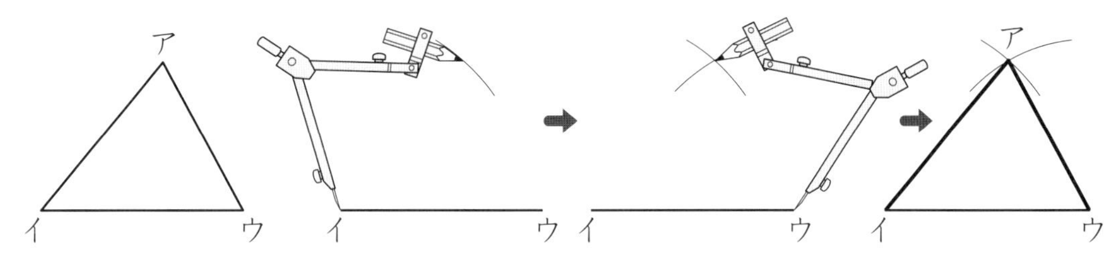

あ 2つの辺の長さとその間の角度をはかってかく。

い 1つの辺の長さとその両はしの角度をはかってかく。

う 3つの辺の長さをはかってかく。 （　　　）

2 次の三角形と合同な三角形をかきましょう。 教上29ページ▶ 40点

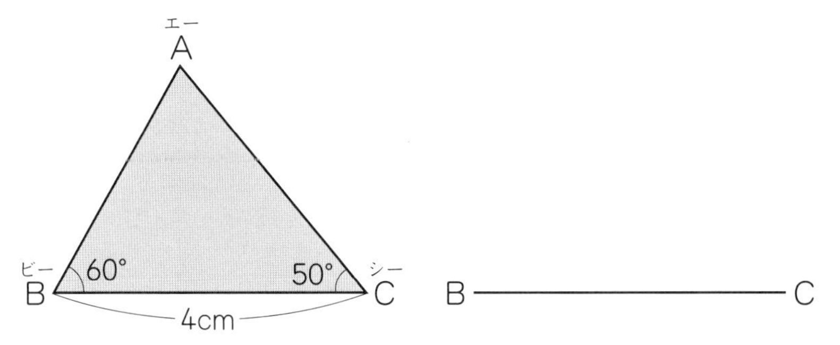

[合同な三角形のかき方を利用して、合同な四角形をかきます。]

3 次の四角形と合同な四角形をかきましょう。 教上29～30ページ3、▶ 40点

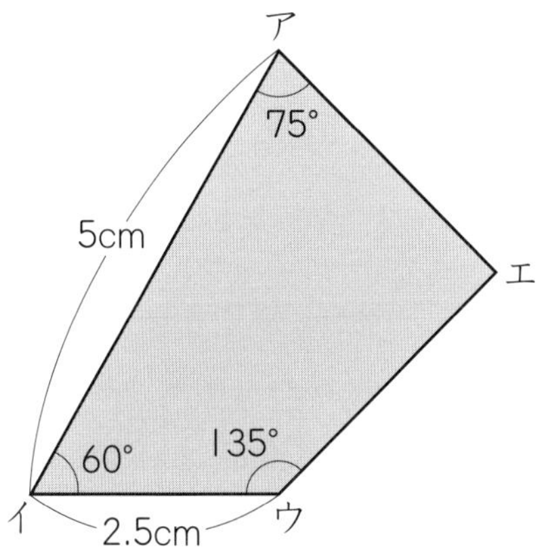

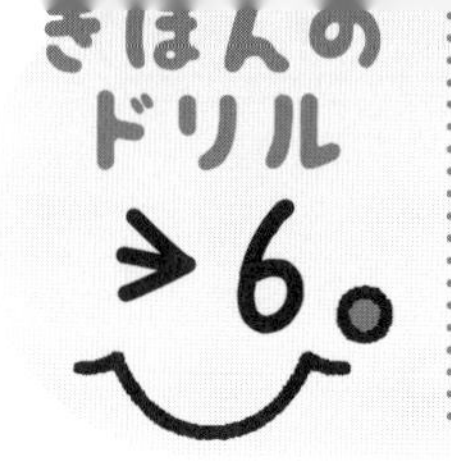

時間 15分　合格 80点　／100

月　日

答え 82ページ

サクッとこたえあわせ

3 比例

① ともなって変わる２つの量／② 比例……(１)

[２つの数量の関係を調べます。]

1 形も大きさも同じ箱がたくさんあります。高さ１５cm の台の上に１個ずつ積み重ねて、全体の高さをはかりました。　教 上37ページ 1　55点

積んだ箱の数と高さ

積んだ箱の数(個)	0	1	2	3	4	5
積んだ箱の高さ(cm)	0	8	16	㋐	㋑	㋒
全体の高さ(cm)	15	23	31	㋓	㋔	㋕

① 表の㋐～㋕にあてはまる数を書きましょう。　30点(1つ5)

② 箱を１個積むと何cm 高くなりますか。　15点

(　　　　)

③ 箱を１０個積んだときの全体の高さを求めましょう。　10点

(　　　　)

[一方が２倍、３倍、…になると、もう一方も２倍、３倍、…になる関係を比例といいます。]

2 えんぴつの本数と代金の関係を調べます。次の□にあてはまる数を書きましょう。

教 上38～39ページ 1　45点(□1つ5)

えんぴつの本数と代金

2倍　3倍　4倍

本数(本)	1	2	3	4	5	6	7
代金(円)	40	80	120	160	200	③	280

① えんぴつの本数が２倍になると、代金は [2] 倍になります。

② えんぴつの本数が４倍になると、代金は [　] 倍になります。

③ えんぴつを６本買います。代金は何円ですか。

㋐ ６本は１本の [　] 倍だから、代金も [　] 倍になります。

㋑ １本は [40] 円だから、６本のときは、[40] × [　] = [　]

代金は、[　] 円になります。

3 比例

② 比例 ……(2)

[2つの数量の関係を調べ、式に表します。]

よく読んで！

1 はり金の長さと重さの関係を調べました。 教 上40～41ページ2 60点

×3、×2

長さ□(m)	1	2	3	4	5	6	9	18	36
重さ○(g)	15	30	45	60	75	㋐	㋑	㋒	㋓

① 表の㋐～㋓に、あてはまる数を書きましょう。 20点(1つ5)

② 長さが2.5倍になると、重さは何倍になりますか。 15点

(　　　　)

③ はり金の長さを□m、その重さを○gとするとき、長さと重さの関係を□と○を使った式で表しましょう。 25点

(　　　　)

2 120円切手のまい数と代金の関係は、次の表のようになっています。

教 上41ページ1 40点(1つ10)

120円切手のまい数と代金

まい数(まい)	1	2	3	4	5	6
代金(円)	120	240	360	480	600	720

① 切手のまい数が2倍になると、代金は何倍になりますか。

(　　　　)

② 切手のまい数が3倍になると、代金は何倍になりますか。

(　　　　)

③ 切手の代金は、何に比例するといえますか。

(　　　　)

④ 代金が1440円になるのは切手を何まい買ったときですか。

(　　　　)

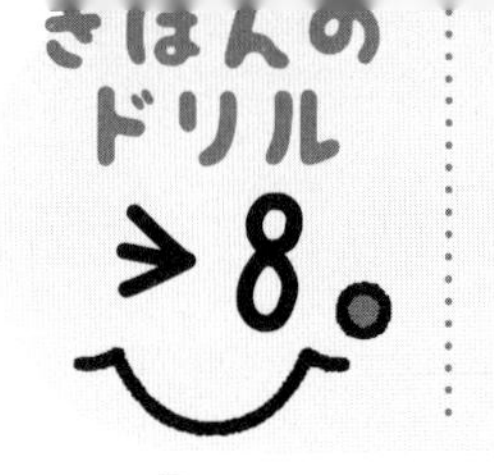

時間 15分　合格 80点　／100

月　日

4 平均

何個かの大きさの数や量を、同じ大きさになるようにならしたものを、もとの数や量の平均といいます。平均＝合計÷個数です。

1 次の表は、まもるさんの学校の１週間の欠席者数です。
１日平均何人欠席したことになりますか。 教 上46ページ1　20点(式10・答え10)

欠席者数

曜　日	月	火	水	木	金
欠席者数(人)	2	4	6	0	5

欠席者が０の日も、日数に数えるよ。

式

答え（　　　　）

ミスに注意！

2 右の表は、みさきさんが、10歩ずつ５回歩いたときの記録です。
教 上49ページ3　40点(式10・答え10)

回	10歩のきょり
1	6m32cm
2	6m26cm
3	6m33cm
4	6m34cm
5	6m30cm

① 平均を使うと、みさきさんの歩はばは、約何ｍといえますか。小数第三位を四捨五入して求めましょう。

32cmは0.32mだよ。

式

答え（　　　　）

② みさきさんが、家からポストまでの歩数を調べたところ、70歩でした。①の結果を使うと、家からポストまでは、約何ｍあると考えられますか。小数第一位を四捨五入して求めましょう。

式

答え（　　　　）

3 えみさんの算数のテストの得点は１回目が72点、２回目が55点、３回目が86点、４回目が75点でした。 教 上51～52ページ5　40点(式10・答え10)

① １回のテストで平均何点とったことになりますか。

式

答え（　　　　）

② 最も低い得点55点を基準として定め、１回のテストで平均何点とったかを求めましょう。

式

答え（　　　　）

合格 80点 ／100

月　日

サクッとこたえあわせ
答え 82ページ

5　倍数と約数

①　偶数(ぐうすう)と奇数(きすう)／②　倍数と公倍数……(1)

[整数は、2 でわりきれるかどうかで、2 つのなかまに分けることができます。]

1 次の整数を、偶数と奇数に分けて、それぞれ(　)に書きましょう。 教 上58ページ 2

20点(全部できて1つ10)

17　23　36　41　67　76　84　99

① 偶数　(　　　　　　　　)

② 奇数　(　　　　　　　　)

2 高さ 8cm の箱を積んでいきます。 教 上61ページ 2

20点(1つ10)

① 箱を 3 個(こ)積んだときの高さは何 cm ですか。

(　　　　　)

② 高さは何の倍数になっていますか。

(　　　　　)

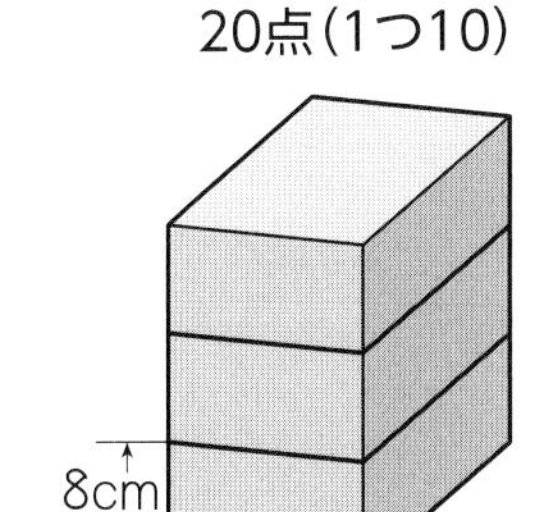

[2 の倍数とは、2×(整数)となる数のことです。]

3 次の倍数を、小さい順に 4 つ書きましょう。 教 上61ページ 3

60点(□1つ5)

① 3 の倍数　□ □ □ □
3×1　3×2　3×3　3×4

② 6 の倍数　□ □ □ □

③ 7 の倍数　□ □ □ □

2 の倍数は
2×(整数)
2×1=2
2×2=4
2×3=6
⋮

合格 80点 /100

月　日

サクッとこたえあわせ　答え 82ページ

5　倍数と約数

②　倍数と公倍数　……(2)

[3と6の公倍数とは、3の倍数と6の倍数に共通な数です。0はのぞいて考えます。]

1 3と6の公倍数を、小さい方から順に3つ求めましょう。　教 上63ページ 2 4

15点(□1つ5)

3の倍数　3、⑥、9、12、15、18、21、………

6の倍数　⑥、12、18、24、30、………

[6] [　] [　]

[最小(さいしょう)公倍数とは、公倍数の中でいちばん小さい数のことです。]

2 3と5の公倍数と最小公倍数を求めます。　教 上64ページ 3　30点(□1つ3)

① 5の倍数を小さい方から順に9つ書くと、次のようになります。
□にあてはまる数を書きましょう。

5、10、□、□、25、□、□、40、□

② ①で求めた5の倍数を利用して、3と5の公倍数を小さい方から順に3つ求めましょう。

[　] [　] [　]

③ 3と5の最小公倍数を求めましょう。

[　]

④ 3と5の公倍数はある数の倍数になっています。ある数を求めましょう。

[　]

3 次の組の数の公倍数を、小さい方から順に3つ求めましょう。また、最小公倍数も求めましょう。　教 上65ページ 1　40点(□1つ5)

① (6、9)

公倍数 [　] [　] [　]　最小公倍数 [　]

② (10、15)

公倍数 [　] [　] [　]　最小公倍数 [　]

4 次の組の数の最小公倍数を求めましょう。　教 上65ページ 4、1　15点(1つ5)

① (3、5、6)　② (8、16、20)　③ (4、6、12)

(　　)　(　　)　(　　)

時間 15分　合格 80点　/100　月　日

サクッとこたえあわせ　答え 83ページ

5　倍数と約数

③　約数と公約数　……(1)

[10 の約数とは、10 をわり切ることができる整数のことです。]

1 次の問いに答えましょう。 教 上68ページ 1 3　20点(全部できて1つ10)

① 1 から 10 までの整数で、10 をわり切ることができる整数に○をつけましょう。

(1)　2　3　4　5　6　7　8　9　10

1とその数自身の10も約数になるよ。

② 10 の約数を全部書きましょう。

(　　　　　　　　　　)

よく読んで!

2 20 の約数は、全部で 6 つあります。その約数を下のように組にすると、組にした 2 つの約数の積は 20 になります。

□にあてはまる約数を書きましょう。 教 上68ページ 1 3　30点(□1つ10)

□　2　□　5　□　20

□×20=20
2 ×□=20
□× 5 =20

[9 と 15 の公約数とは、9 の約数と 15 の約数に共通な数のことです。]

3 次の□にあてはまる数を書きましょう。 教 上69ページ 2、▶

50点(①・②全部できて1つ20、③全部できて10)

① 9 の約数　1　□　□

② 15 の約数　□　□　□　□

③ 9 と 15 の公約数　□　□

時間 15分 合格 80点 /100 月 日

サクッとこたえあわせ 答え 83ページ

5 倍数と約数

③ 約数と公約数 ……(2)

[最大(さいだい)公約数とは、公約数の中で、いちばん大きい数のことです。]

1 次の組の数の公約数を全部求めましょう。また、最大公約数を求めましょう。

教 上69ページ 2、▶1 40点(1つ10)

① (9、12)

公約数 (　　　　) 最大公約数 (　　　　)

② (24、32)

公約数 (　　　　) 最大公約数 (　　　　)

2 35さつのノートと、49本のえん筆を、それぞれ同じ数ずつ何人かの子どもに分けて、どちらも余りが出ないようにします。なるべく多くの子どもに分けるとすると、何人に分けることができますか。 教 上69ページ 2 20点

分けるときは、約数を考えればいいですね。

(　　　　)

3 次の組の数の最大公約数を求めましょう。 教 上70ページ 3、▶1 20点(1つ10)

① (14、21、35)　　② (22、32、42)

(　　　　)　　(　　　　)

4 12まいの正方形のカードを長方形の形にならべました。□にあてはまる数を書きましょう。 教 上70ページ 2 20点(□1つ10)

4

3　12

3、□は、12の約数です。□は、3、4の倍数です。

合格 80点 /100

月　日

サクッとこたえあわせ

答え 83ページ

6 単位量あたりの大きさ(1) ……(1)

[こみぐあいは、人数と面積の2つの量で表されます。1m² など、面積をそろえて比(くら)べます。]

1 3つのシートあ、い、うの上に子どもがいます。右の表は、シートの大きさと子どもの人数を表しています。次の□にあてはまることばや数を書きましょう。

教 上77～79ページ 1 70点(□1つ10)

シートの大きさと子どもの人数

	シートの大きさ(m^2)	子どもの人数(人)
あ	10	40
い	10	30
う	6	30

① シートの大きさが同じあといでは、

□の方がこんでいるといえます。

② 子どもの人数が同じいとうでは□の方がこんでいます。

③ シートの大きさも子どもの人数もちがうあとうは、$1m^2$ あたり何人になるかを調べます。

あ 40÷10=□(人)

う 30÷□=□(人)

④ あとうでは、□の方がこんでいるといえます。

2 にわとりが、$5m^2$ の小屋には7羽、$8m^2$ の小屋には12羽います。どちらのにわとり小屋の方がこんでいますか。 教 上80ページ 1 15点(式10・答え5)

式

答え (　　　)

3 6両に960人乗っている電車と、10両に1570人乗っている電車があります。どちらの電車の方がこんでいますか。 教 上80ページ 2 15点(式10・答え5)

式

答え (　　　)

時間 15分　合格 80点　/100　月　日

6　単位量あたりの大きさ（1）……(2)

サクッとこたえあわせ　答え 83ページ

[1km² あたりの人数のことを人口密度（じんこうみつど）といいます。]

ミスに注意！

1 右の表は、南町と北町の人口と面積を表したものです。 教 上80ページ3、81ページ1　40点

人口と面積

	人口（人）	面積（km²）
南町	25300	31
北町	17800	23

① 南町の 1km² あたりの人数を求めましょう。（小数第一位を四捨五入（ししゃごにゅう）して、整数で求めましょう。）　15点（式10・答え5）

式

答え（　　　　　）

② 北町の 1km² あたりの人数を求めましょう。（小数第一位を四捨五入して、整数で求めましょう。）　15点（式10・答え5）

式

答え（　　　　　）

③ 南町と北町とでは、どちらの人口密度が高いですか。　10点

答え（　　　　　）

2 長さが 6m で重さが 420g のはり金があります。 教 上82～83ページ4、1　60点（式10・答え10）

① このはり金の、1m あたりの重さは何 g ですか。

式

答え（　　　　　）

② このはり金 8m の重さは何 g ですか。

式

答え（　　　　　）

③ このはり金を切って重さをはかったら 280g でした。切った長さは何 m ですか。

式

答え（　　　　　）

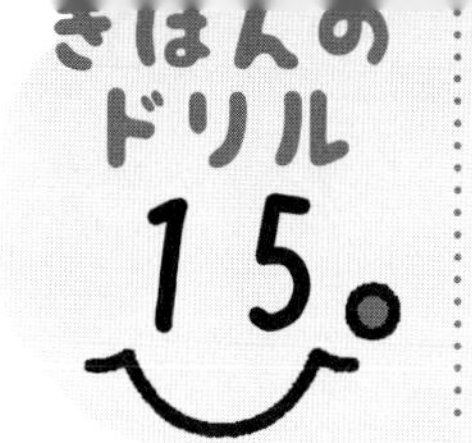

合格 80点　／100

月　日

サクッとこたえあわせ
答え 83ページ

6　単位量あたりの大きさ(1)　……(3)

[2つのものの大きさを、単位量あたりの大きさを求めて比(くら)べます。]

1 かよ子さんの家では、9m² の畑から 48.6kg のたまねぎが採(と)れ、おさむさんの家では、12m² の畑から 69.6kg のたまねぎが採れました。どちらの畑がよく採れたといえますか。1m² あたりに採れたたまねぎの重さで比べましょう。

教 上84ページ5　25点(式15・答え10)

式

答え（　　　　　　　　）

2 ㋐の印刷機は4分間に64まい、㋑の印刷機は7分間に119まい印刷できます。

教 上85ページ2、3　75点(式15・答え10)

① どちらの印刷機の方が1分間あたりに多く印刷できますか。

式

答え（　　　　　　　　）

② ①の1分間あたりに多く印刷できる方の印刷機は、22分間に何まい印刷することができますか。

式

答え（　　　　　　　　）

③ ㋐の印刷機で400まい印刷するには、何分かかりますか。

式

答え（　　　　　　　　）

合格 80点 ／100

月　日

7　小数のかけ算

①　整数×小数の計算

[整数×小数の計算も、小数×整数の計算と同じようにできます。]

1 筆算をしましょう。　教 上98ページ3、2　　80点(1つ5)

①

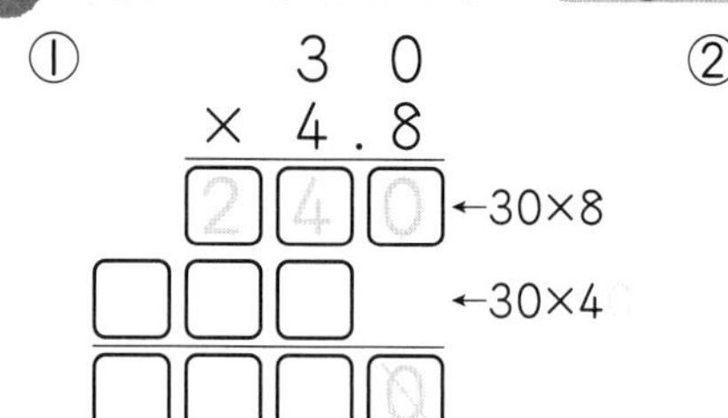

②

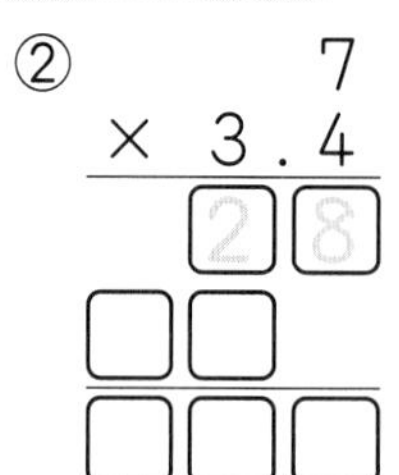

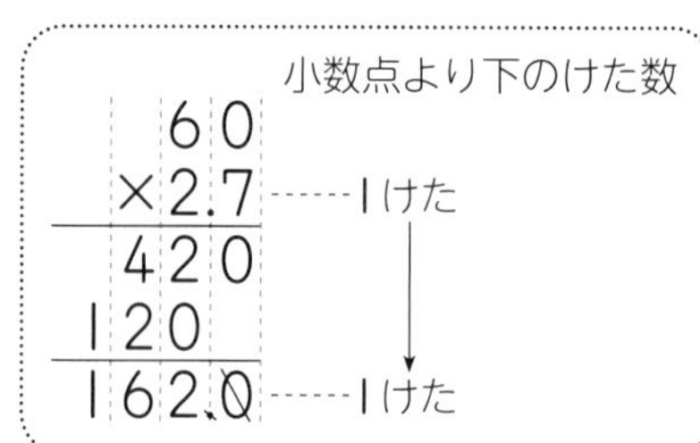

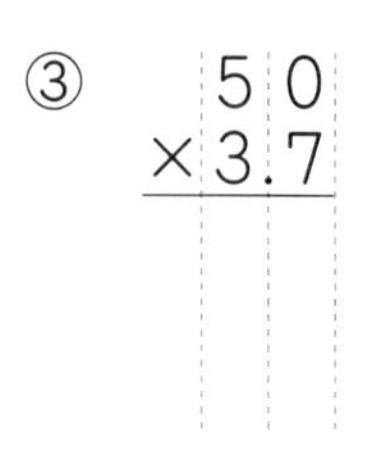

③ 50×3.7　④ 40×2.6　⑤ 90×1.4　⑥ 80×4.7

⑦ 8×1.3　⑧ 3×5.7　⑨ 6×2.8　⑩ 14×3.9

⑪ 17×5.2　⑫ 22×3.6　⑬ 63×2.7

⑭ 15×2.8　⑮ 32×6.5　⑯ 24×5.3

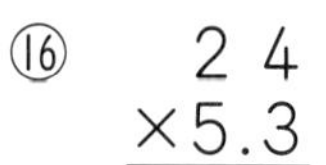

かけられる数とかける数を入れかえて計算しても答えは同じだから、整数×小数の計算のしかたも小数×整数と同じだよ。

2 1Lのガソリンで12km走る自動車があります。6.4Lのガソリンでは、何km走れますか。　教 上97ページ1、98ページ1　　20点(式10・答え10)

式

答え（　　　　　　）

教科書 上94～98ページ

合格 80点 /100

月　日

7　小数のかけ算

②　小数×小数の計算　……(1)

[積の小数点より下のけた数は、かけられる数とかける数の小数点より下のけた数の数の和です。]

1 筆算をしましょう。　教上100ページ 1 4　　80点(1つ5)

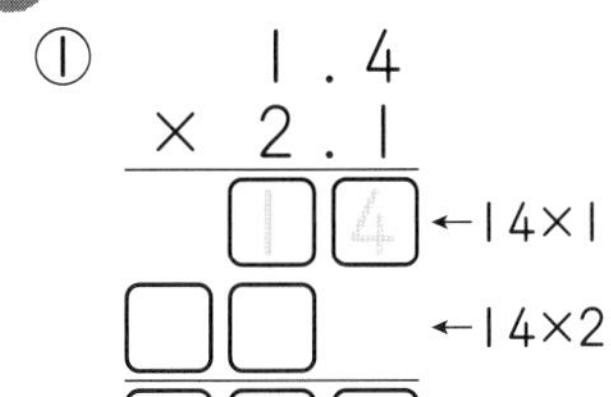

① 1.4 × 2.1

←14×1

←14×2

② 4.7 × 1.3

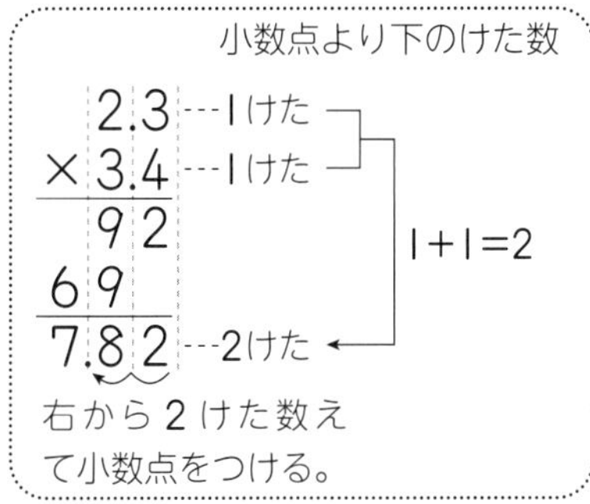

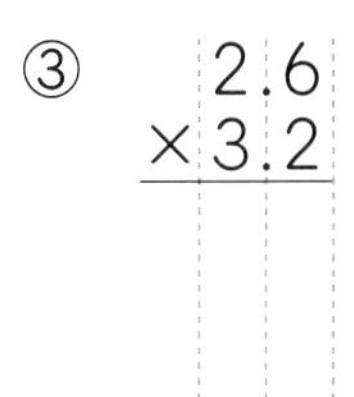

③ 2.6 × 3.2

④ 7.3 × 1.5

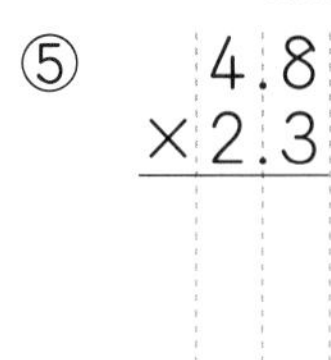

⑤ 4.8 × 2.3

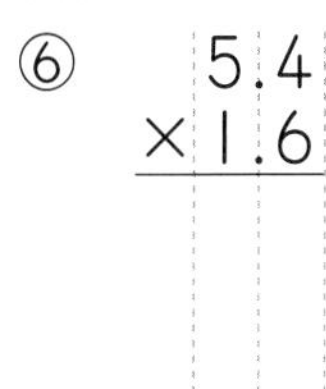

⑥ 5.4 × 1.6

⑦ 3.8 × 6.2

⑧ 5.6 × 4.3

⑨ 2.9 × 7.4

⑩ 8.4 × 5.2

⑪ 7.3 × 4.6

⑫ 9.5 × 3.7

⑬ 4.3 × 6.8

かけられる数とかける数をそれぞれ10倍して計算し、積を100でわると考えてもいいね。

⑭ 6.8 × 7.4

⑮ 8.2 × 4.9

⑯ 5.7 × 9.3

2 1mの重さが3.7kgの鉄のぼうがあります。この鉄のぼう4.8mの重さを求めましょう。　教上99〜100ページ 1　　20点(式10・答え10)

式

答え (　　　　　)

合格 80点 /100

月　日

7　小数のかけ算

②　小数×小数の計算 ……(2)

1 筆算をしましょう。 教 上100ページ▶1　20点(1つ5)

①
$$\begin{array}{r} 3.14 \\ \times\ 2.8 \\ \hline \end{array}$$

②
$$\begin{array}{r} 6.04 \\ \times\ 4.2 \\ \hline \end{array}$$

③
$$\begin{array}{r} 7.26 \\ \times\ 5.4 \\ \hline \end{array}$$

④
$$\begin{array}{r} 1.4 \\ \times 3.53 \\ \hline \end{array}$$

[答えが 5.20 となったときは、0 を消しておきます。]

2 筆算をしましょう。 教 上101ページ2、▶1、▶2　50点(1つ5)

①
$$\begin{array}{r} 0.4 \\ \times\ 7.5 \\ \hline \end{array}$$

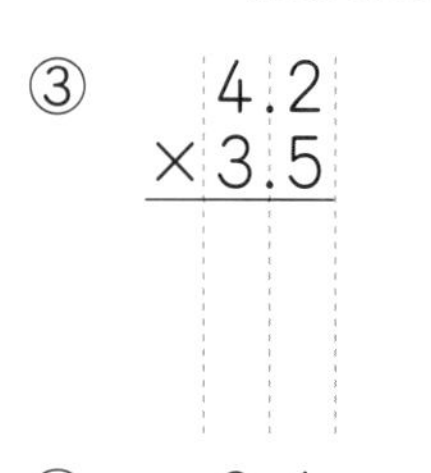

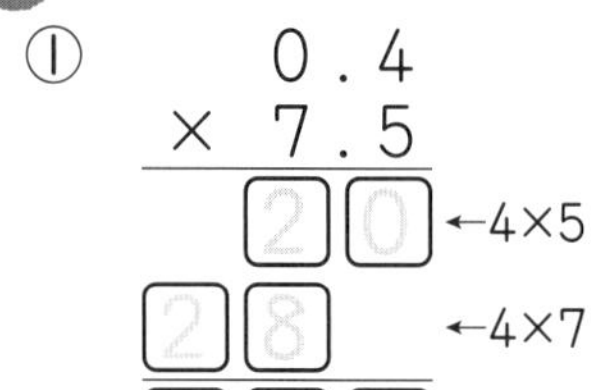

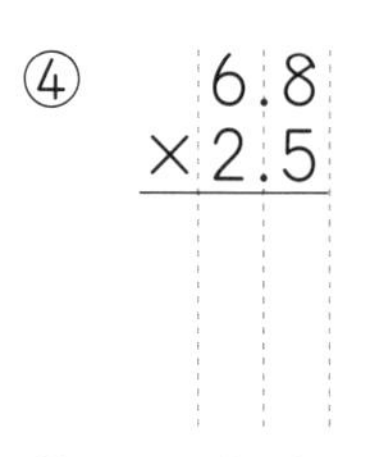

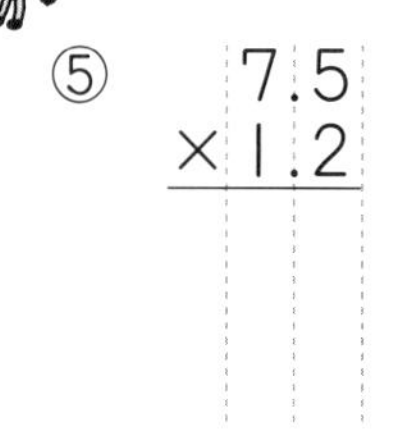

②
$$\begin{array}{r} 3.5 \\ \times\ 1.8 \\ \hline \end{array}$$

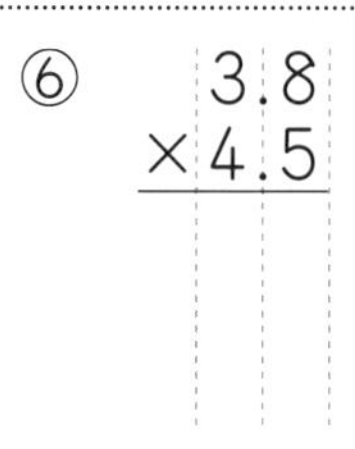

③
$$\begin{array}{r} 4.2 \\ \times 3.5 \\ \hline \end{array}$$

④
$$\begin{array}{r} 6.8 \\ \times 2.5 \\ \hline \end{array}$$

⑤
$$\begin{array}{r} 7.5 \\ \times 1.2 \\ \hline \end{array}$$

⑥
$$\begin{array}{r} 3.8 \\ \times 4.5 \\ \hline \end{array}$$

⑦
$$\begin{array}{r} 3.6 \\ \times 7.5 \\ \hline \end{array}$$

⑧
$$\begin{array}{r} 8.4 \\ \times 1.5 \\ \hline \end{array}$$

⑨
$$\begin{array}{r} 3.5 \\ \times 9.2 \\ \hline \end{array}$$

⑩
$$\begin{array}{r} 3.8 \\ \times 2.65 \\ \hline \end{array}$$

3 1m の重さが 7.3g のはり金があります。このはり金 0.6m の重さを求めましょう。

教 上102ページ3　15点(式5・答え10)

式

答え（　　　　　　）

4 1L の食用油の重さをはかると 0.9kg ありました。
この油 0.7L の重さは何 kg ですか。 教 上102ページ▶1　15点(式5・答え10)

式

答え（　　　　　　）

7 小数のかけ算

② 小数×小数の計算 ……(3)

[1 より小さい小数をかけると、積は、かけられる数より小さくなります。]

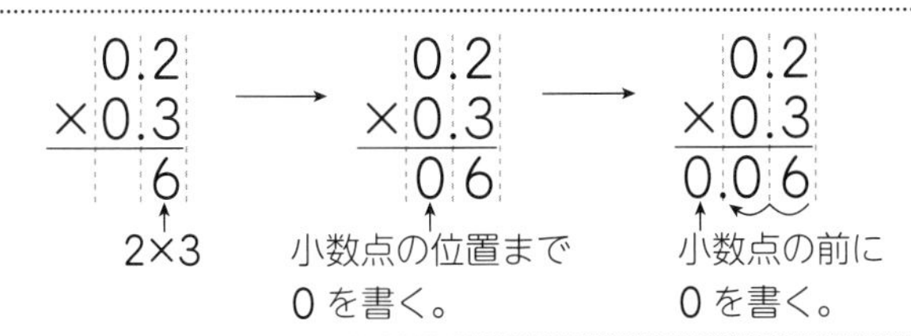

1 筆算をしましょう。 教上102～103ページ　60点(1つ5)

① 3.2 × 0.4 ← 小数点より下のけた数2 (1.28)

② 0.3 × 0.7 ← 小数点より下のけた数 2 小数点に合わせて、0 を書く。 (0.□□)

③ 4.8 × 0.6

④ 5.2 × 0.9

⑤ 2.7 × 0.3

⑥ 1.6 × 0.4

⑦ 0.1 × 0.6

⑧ 0.2 × 0.4

⑨ 2.36 × 0.6

⑩ 4.09 × 0.7

⑪ 0.75 × 0.8

⑫ 0.09 × 0.3

答えが、かけられる数より小さくなっているか確(たし)かめておこう。

2 たて 2.5m、横 3.7m の長方形の花だんの面積は何 m^2 ですか。 教上104ページ4

20点(式10・答え10)

式

答え (　　　　)

3 たて 0.4m、横 3.5m の長方形の花だんの面積は何 m^2 ですか。 教上104ページ▶

20点(式10・答え10)

式

答え (　　　　)

合格 80点 /100

月 日

7 小数のかけ算

③ 計算のきまり

[計算のきまりを使うと、計算がしやすくなります。]

1 くふうして計算します。□にあてはまる数を書きましょう。

教 上105～106ページ 1　20点(全部できて1つ10)

① 3.2+1.6+2.4
=3.2+(□1.6+2.4)
=3.2+□
=□

② 1.7×6
=(1+□0.7)×6
=1×6+0.7×□
=6+□
=□

2 次の□にあてはまる数を書きましょう。　教 上105～106ページ 1　20点(1つ5)

① 1.4+3.2+1.8=1.4+(□+1.8)

② 2.9×4×2.5=2.9×(□×2.5)

③ 2.8×3=(3−□)×3=9−□

④ 3.6×1.5+6.4×1.5=(3.6+□)×1.5=□×1.5

ミスに注意!

3 計算のきまりを使って、くふうして計算しましょう。と中の計算も書きましょう。

教 上106ページ ▶　60点(1つ10)

① 5.7+6.9+4.3

② 3.8×4×5

③ 7.4×4.2+2.6×4.2

④ 6.7×2.5−0.7×2.5

⑤ 2.2×9

⑥ 3.8×4

15分　合格 80点　/100

月　日

7　小数のかけ算

1 筆算をしましょう。　60点(1つ5)

① 9 × 0.8　② 8 × 2.5　③ 32 × 4.3　④ 40 × 6.7

⑤ 7.5 × 2.9　⑥ 3.6 × 4.8　⑦ 5.9 × 2.4　⑧ 6.8 × 5.3

⑨ 7.06 × 4.6　⑩ 4.65 × 3.8　⑪ 0.27 × 0.7　⑫ 0.07 × 0.9

2 計算のきまりを使って、くふうして計算しましょう。と中の計算も書きましょう。　20点(1つ5)

① 4×3.8×2.5　② 0.4×9.3×5

③ 5.4×0.8−4.9×0.8　④ 0.7×8.1+0.7×1.9

よく読んで！

3 1mあたりの重さが2.65kgの鉄のぼうがあります。この鉄のぼう1.8mの重さは何kgですか。　20点(式10・答え10)

式

答え（　　　　）

合格 80点 ／100

月　日

8　小数のわり算

①　整数÷小数の計算

[わる数が小数のときは、わる数を整数にしてから計算します。]

1 筆算をしましょう。 

80点(1つ10)

①
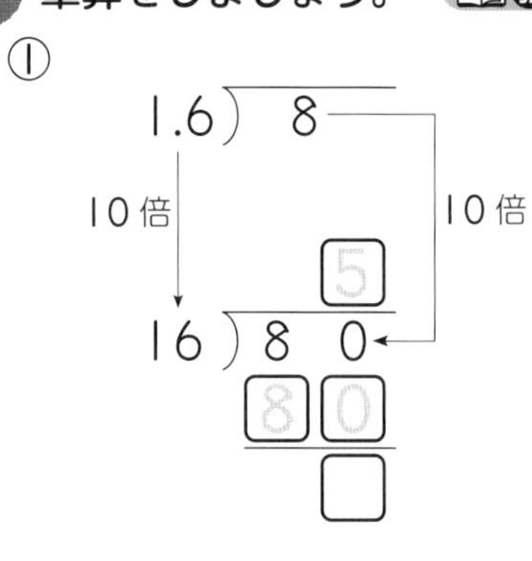

②
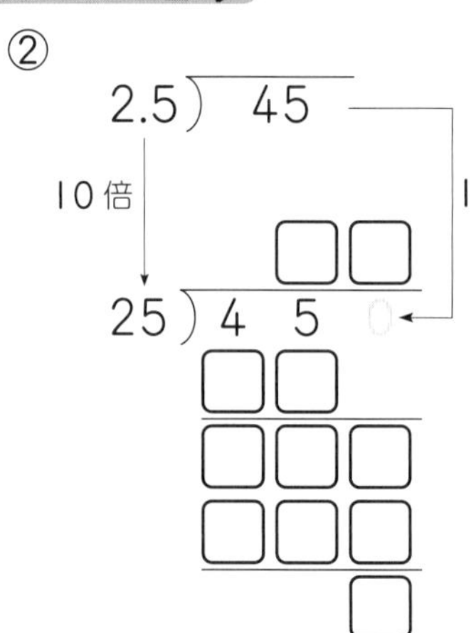

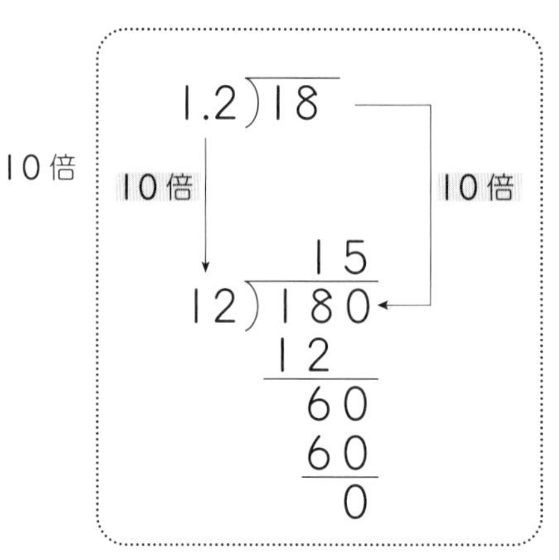

③
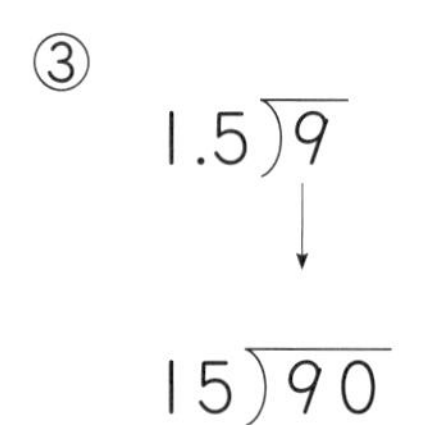

④
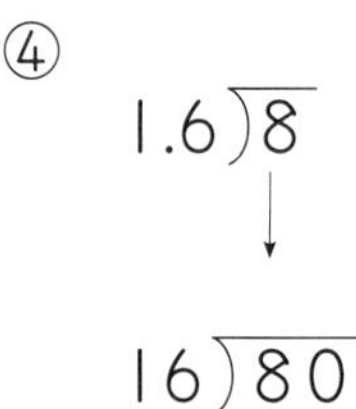

⑤
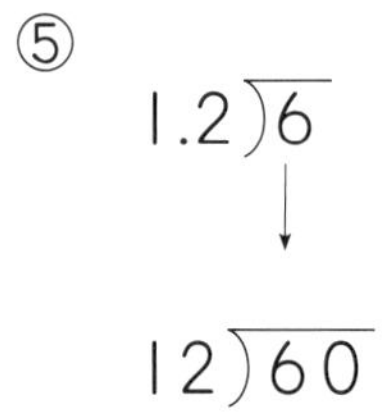

⑥ 3.5)56 → 35)560

⑦ 3.6)90 → 36)900

⑧ 4.5)54 → 45)540

2 1Lのガソリンで4.2km走る自動車があります。63km走るには、何Lのガソリンがいりますか。 教 上113ページ1、114ページ1　20点(式10・答え10)

式

答え（　　　　　　）

合格 80点 ／100

8　小数のわり算

②　小数÷小数の計算　……(1)

[わられる数とわる数をともに 10 倍して、小数点を右へ移(うつ)してから計算します。]

1 筆算をしましょう。　教 上116ページ 1 ④、2　　70点(1つ10)

①
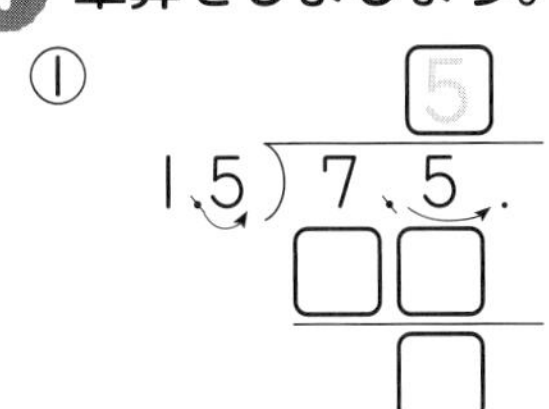

②　3.2)9.6

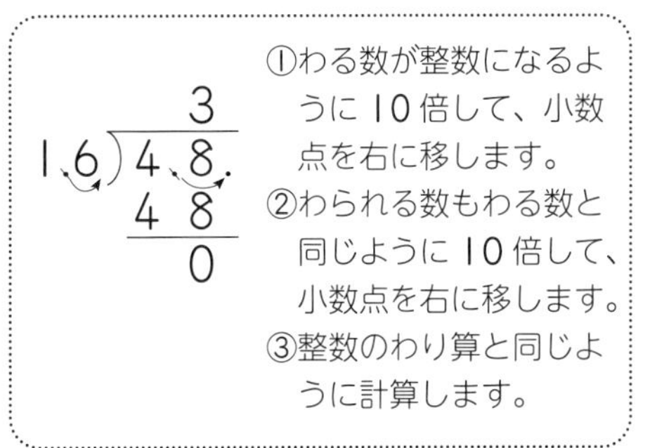

③
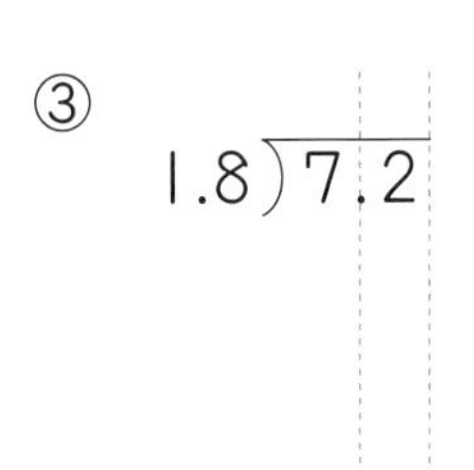

④
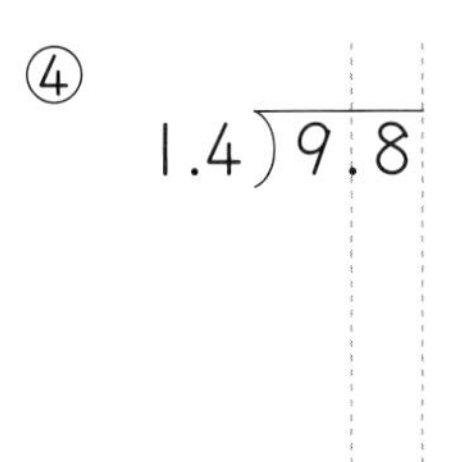

⑤　1.3)9.36

⑥　2.1)7.77

⑦　1.9)9.12

2 8.5L のジュースを 1.7L ずつびんに入れていきます。ジュースの入ったびんは、何本できますか。　教 上115～116ページ 1、▶　　30点(式15・答え15)

式

答え (　　　　　　)

時間15分 合格80点 /100

8 小数のわり算

② 小数÷小数の計算 ……(2)

[1より小さい小数でわると、商は、わられる数より大きくなります。]

1 0.4mの重さが1.8kgの鉄のぼうがあります。この鉄のぼう1mの重さは何kgですか。 教上117ページ2 20点(式10・答え10)

式

答え（　　　　　）

[商の小数点は、わられる数の右に移(うつ)した小数点にそろえてうちます。]

2 筆算をしましょう。 教上118ページ1、2、119ページ4、1、2 80点(1つ10)

① $2.5\overline{)6.5}$

② $4.2\overline{)2.1}$

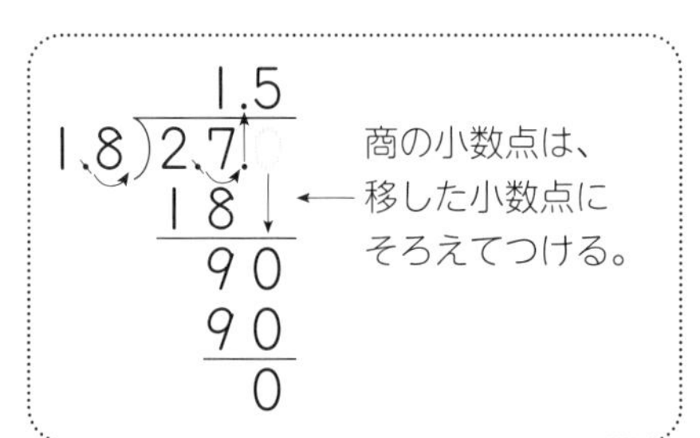

③ $2.6\overline{)9.1}$

④ $1.5\overline{)8.4}$

⑤ $4.5\overline{)2.7}$

⑥ $3.2\overline{)14.4}$

⑦ $3.45\overline{)8.28}$

⑧ $0.45\overline{)0.63}$

合格 80点 /100

月　日

8　小数のわり算

②　小数÷小数の計算 ……(3)

[商は、わり切れなかったり、けた数が多くなったりしたときは、がい数で求めます。]

1 商は、小数第二位を四捨五入して、小数第一位までのがい数で求めましょう。

教 上120ページ2　80点(1つ20、①・②は全部できて20)

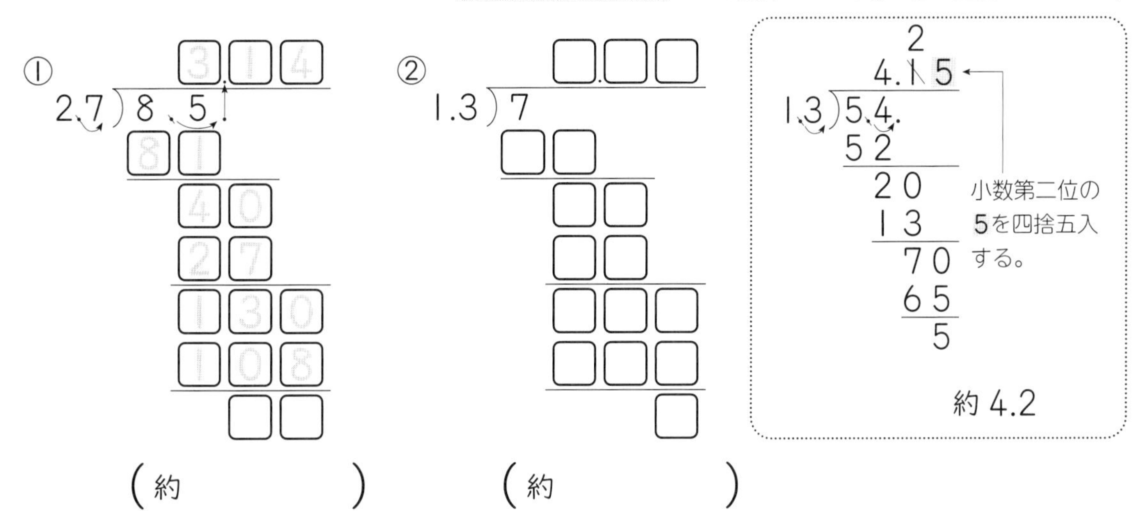

（約　　　　）　（約　　　　）

③ $3.4\overline{)9.1}$

④ $0.47\overline{)17.5}$

（約　　　　）　（約　　　　）

よく読んで！

2 運動場に、面積が $20.8m^2$ の長方形をかくことになりました。たての長さを 3.6m にすると、横の長さは約何 m ですか。小数第二位を四捨五入して、小数第一位までのがい数で求めましょう。　教 上120ページ5、1　20点(式10・答え10)

式

答え（約　　　　）

教科書 上120ページ

26。

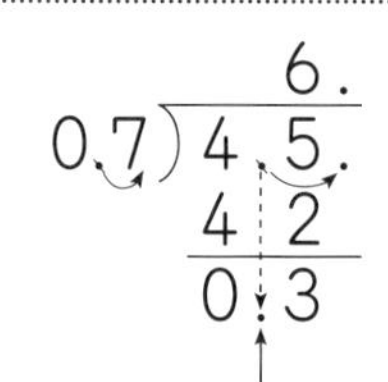

時間 15分 合格 80点 /100

月　日

答え 87ページ

8　小数のわり算

②　小数÷小数の計算 ……(4)

[わり切れないときは、商のほかに、あまりも答えます。]

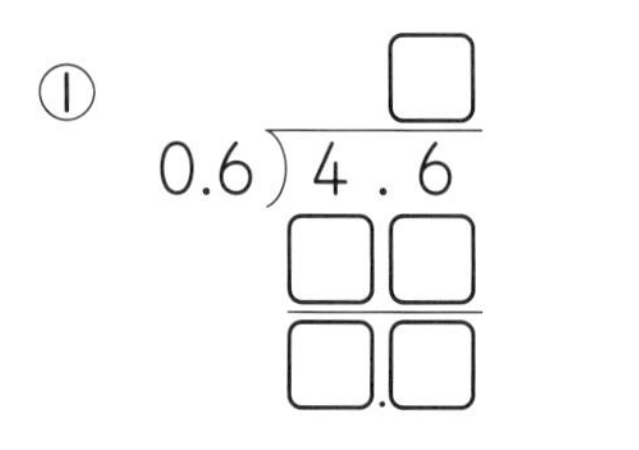

あまりの小数点は、わられる数のもとの小数点にそろえてつける。

答えの確かめ

わられる数 ＝ わる数× 商＋ あまり

4.5 ＝ 0.7 × 6＋ 0.3

1 商は整数で求め、あまりも求めましょう。また、答えの確かめもしましょう。

教上121ページ6　60点(筆算10・答え5・確かめ5)

① 0.6)4.6

（　　あまり　　）

確かめ（　　　　）

② 0.9)5.2

（　　あまり　　）

確かめ（　　　　）

③ 1.4)9

（　　あまり　　）

確かめ（　　　　）

2 4L のしょう油を、0.3L はいるびんに分けていきます。
何本できて、何 L あまりますか。　教上121ページ1　20点(式10・答え10)

式

答え（　　　　）

3 43.7kg のさとうを 1.7kg ずつふくろにつめていきます。
何ふくろできて、何 kg あまりますか。　教上121ページ1　20点(式10・答え10)

式

答え（　　　　）

教科書 上121ページ

合格 80点 /100

月 日

8 小数のわり算

③ 図にかいて考えよう

[2つの量の関係を図を使って考えます。]

1 1m²の花だんに1.8Lの水をまきます。2.6m²の花だんにも同じように水をまいたときの水の量と花だんの面積の関係を図と表に表しました。次の問題に答えましょう。

教 上122ページ 1 ❶　50点(①5・②1つ15)

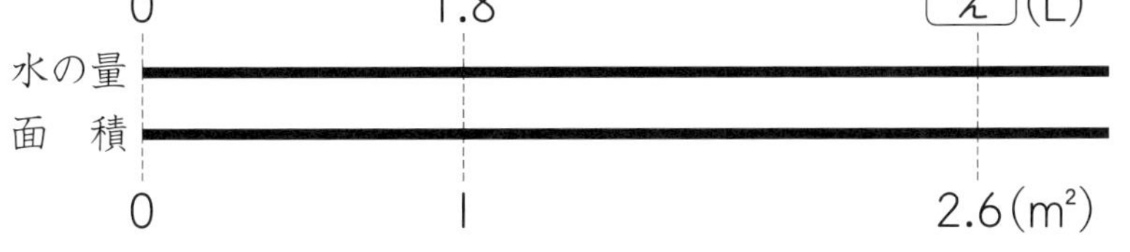

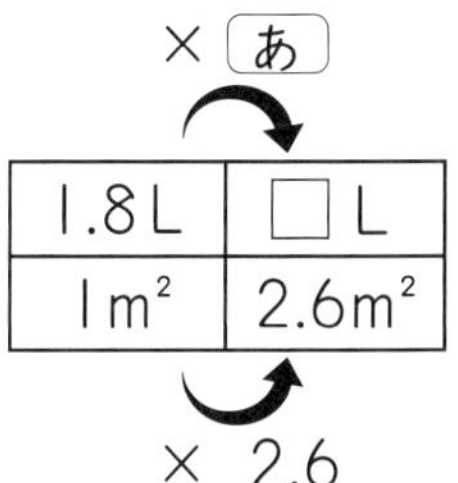

1.8L	□L
1m²	2.6m²

① 表の あ にあてはまる数を答えましょう。

(　　　　　)

② 2.6m²の花だんには、何Lの水をまくことになるかを求めます。次の式と答えの い ～ え にあてはまる数を答えましょう。

式　い × う ＝ え　　　　答え　え L

い(　　　　　)　う(　　　　　)　え(　　　　　)

⚠ミスに注意！

2 3.2m²の花だんに8Lの水をまきます。1m²の花だんには何Lの水をまくことになりますか。 教 上122ページ 1 ❷　50点(①5・②1つ15)

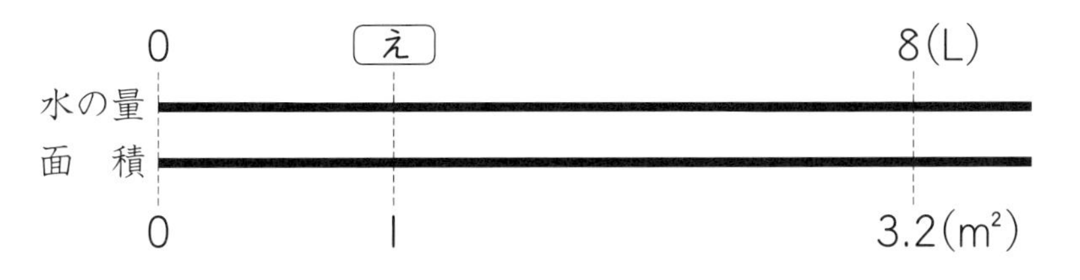

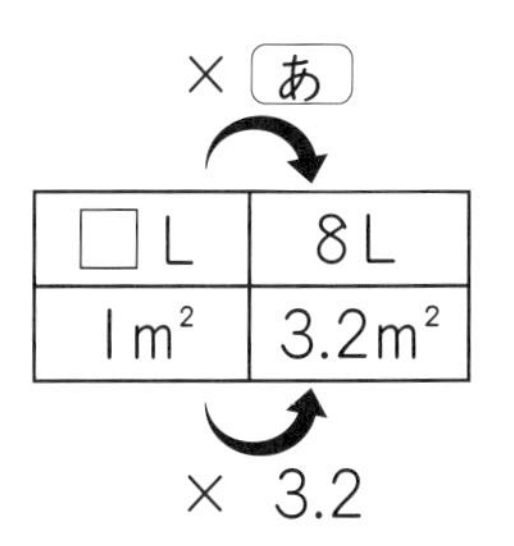

□L	8L
1m²	3.2m²

① 表の あ にあてはまる数を答えましょう。

(　　　　　)

② 次の式と答えの い ～ え にあてはまる数を答えましょう。

式　い ÷ う ＝ え　　　　答え　え L

い(　　　　　)　う(　　　　　)　え(　　　　　)

合格 80点　／100

月　日

8　小数のわり算

1 筆算をしましょう。　40点（1つ5）

① 2.1）8.4　② 5.7）62.7　③ 1.8）81　④ 1.6）56

⑤ 0.4）2.48　⑥ 0.5）0.7　⑦ 6.2）3.41　⑧ 3.05）3.66

2 商は、小数第二位を四捨五入して、小数第一位までのがい数で求めましょう。　20点（1つ10）

① 2.4）3.5　② 0.6）4.3

（　　　）　（　　　）

よく読んで！

3 8L の油を 1.8L ずつびんに入れていきます。油の入ったびんは何本できて、何L あまりますか。　20点（式10・答え10）

式

答え（　　　）

よく読んで！

4 1m^2に 2.8L の水をまきます。9.8L の水では、何 m^2 にまくことができますか。　20点（式10・答え10）

式

答え（　　　）

活用

合格 80点 /100

月　日

倍の計算～小数倍～

[何倍かを求めるには、わり算を使います。]

1 4 種類のこけしがあります。 教 上128～129ページ 1　50点

あ 12.5cm　い 30cm　う 48cm　え 10.25cm

① うの高さは、いの高さの何倍ですか。　10点(式5・答え5)

式　48 ÷ 30 = 1.6

うの高さ　いの高さ　倍

答え (　　　　)

② いの高さは、あの高さの何倍ですか。　20点(式10・答え10)

式　□ ÷ □ = □　　答え (　　　　)

③ えの高さは、あの高さの何倍ですか。　20点(式10・答え10)

式

答え (　　　　)

2 1のいのこけしをもとにして、いろいろな高さのこけしの絵をかこうと思います。
教 上128～129ページ 1　50点

① 高さが 2 倍のこけしにするには、高さを何 cm にすればよいですか。
10点(式5・答え5)

式　30 × 2 = 60

いの高さ　倍　絵の高さ

答え (　　　　)

② 高さが 1.5 倍のこけしにするには、高さを何 cm にすればよいですか。
20点(式10・答え10)

式　□ × □ = □　　答え (　　　　)

③ 高さが 0.8 倍のこけしにするには、高さを何 cm にすればよいですか。
20点(式10・答え10)

式

答え (　　　　)

合格 80点 ／100

月　日

小数と整数／合同な図形

1 次の数を書きましょう。 40点(1つ10)

① 1.63 を 10 倍した数。 （　　　）

② 28.3 を 100 倍した数。 （　　　）

③ 3.07 を $\frac{1}{10}$ にした数。 （　　　）

④ 59.4 を $\frac{1}{100}$ にした数。 （　　　）

2 右の三角形と合同な三角形をかくには、どこの長さや大きさをはかればよいですか。①～⑥からすべて選び、記号で答えましょう。 全部できて20点

① 辺AB、辺BC、辺ACの長さをはかる。

② A、B、Cの角の大きさをはかる。

③ Aの角とBの角の大きさをはかる。

④ Bの角の大きさと、辺AB、辺BCの長さをはかる。

⑤ 辺ABと辺BCの長さをはかる。

⑥ Aの角とBの角の大きさと、辺ABの長さをはかる。

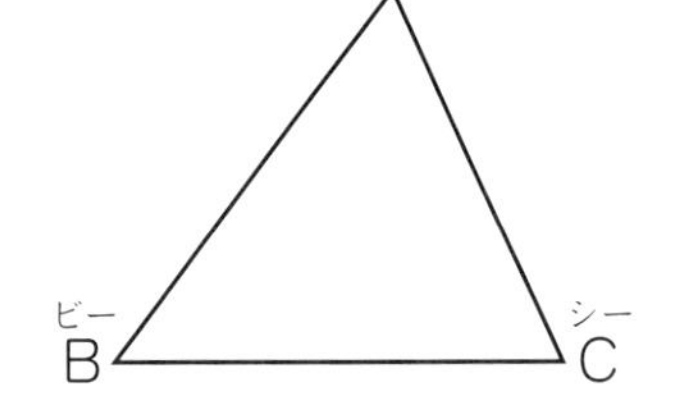

（　　　）

3 2つの四角形は合同で、頂点Aと頂点Fが対応しています。角Hの大きさは何度ですか。また、辺EHの長さは何cmですか。 40点(1つ20)

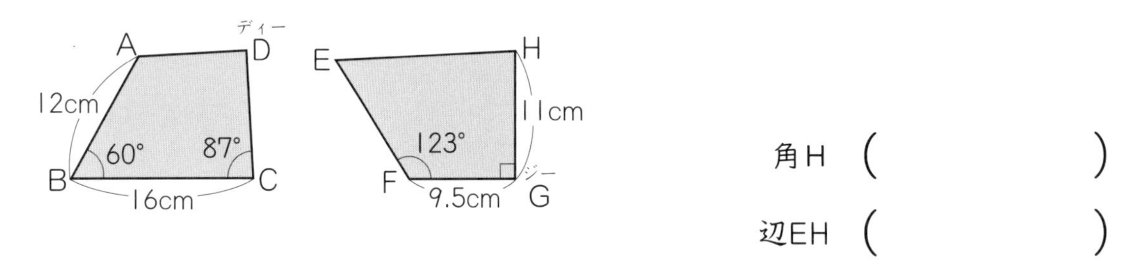

角H （　　　）

辺EH （　　　）

合格 80点 ／100

月　日

比例(ひれい)／平均(へいきん)／倍数と約数

1 はり金の長さと重さの関係は、次の表のようになっています。　50点

はり金の長さと重さ

長さ(cm)	0	1	2	3	4	5	6
重さ(g)	0	6	12	㋐	㋑	㋒	㋓

① 表の㋐～㋓に、あてはまる数を書きましょう。　全部できて20点

② はり金の長さを□cm、その重さを○gとするとき、長さと重さの関係を□と○を使った式で表しましょう。　15点

(　　　　　　)

③ はり金が12cmのとき、重さは何gになりますか。　15点(式10・答え5)

式

答え (　　　　　　)

2 右の表は、みかさんが5か月間に読んだ本のさっ数(すう)を表しています。みかさんは、1か月に平均何さつ読んだことになりますか。

みかさんが読んだ本の数

月	8月	9月	10月	11月	12月
読んだ本の数(さつ)	8	2	6	3	4

20点(式10・答え10)

式

答え (　　　　　　)

よく読んで！

3 たて4cm、横6cmの長方形のカードを、向きを同じにして、たて、横に何まいかずつならべて、できるだけ小さい正方形を作ります。正方形の1辺の長さは何cmになりますか。また、そのときのカードは全部で何まい必要ですか。　30点(1つ15)

正方形の1辺の長さ(　　　　　　)　カードのまい数(　　　　　　)

夏休みのホームテスト

32. 単位量あたりの大きさ（1） 小数のかけ算／小数のわり算

合格 80点 ／100

月 日

サクッとこたえあわせ 答え 88ページ

よく読んで！

1 $15m^2$ の花だんには 120 個、$12m^2$ の花だんには 108 個の球根が植えられています。どちらの花だんの方が、こみ合って植えられていますか。 15点(式10・答え5)

式

答え（ ）

ミスに注意！

2 たかしさんの市の人口は約 37000 人で、面積は約 $260km^2$ です。この市の人口密度を求めましょう。答えは、小数第一位を四捨五入して整数で求めましょう。 15点(式10・答え5)

式

答え（ ）

3 筆算をしましょう。 20点(1つ5)

① 6×3.4　② 63×2.8　③ 5.4×7.8　④ 8.6×4.3

4 筆算をしましょう。 20点(1つ5)

① $59.2 \div 1.6$　② $29.6 \div 3.7$　③ $14.4 \div 0.8$　④ $19.04 \div 5.6$

5 次の問題に答えましょう。 30点(式10・答え5)

① 1m の重さが 2.38kg のはり金があります。このはり金 2.5m の重さは何 kg ですか。

式

答え（ ）

よく読んで！

② 7.85kg の米を、1.5kg ずつふくろに入れていきます。1.5kg のふくろは何ふくろできて、何 g あまりますか。

式

答え（ ）

9 図形の角

① 三角形の角の大きさの和

[三角形の 3 つの角の大きさの和は 180° です。]

1 □にあてはまる数を、計算で求めましょう。 教 上135ページ 2

50点(1つ10・①は全部できて10)

①
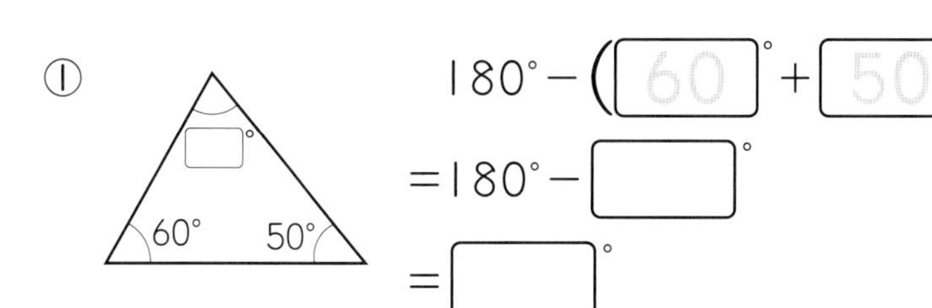
$180^\circ-(60^\circ+50^\circ)$
$=180^\circ-\square^\circ$
$=\square^\circ$

( )

②
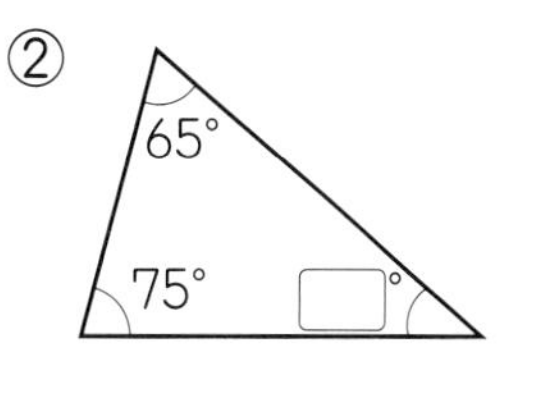
( )

③
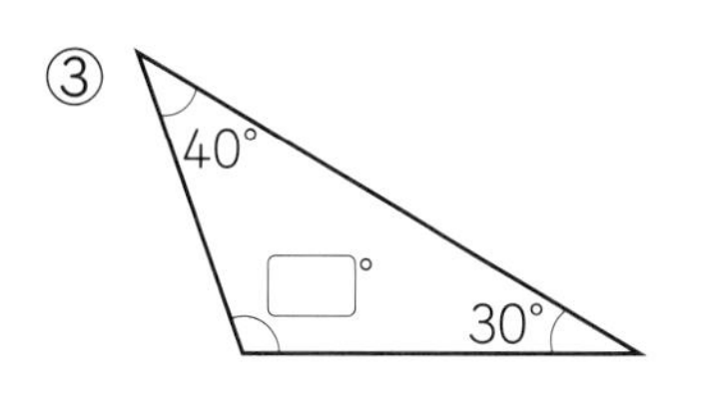
( )

④
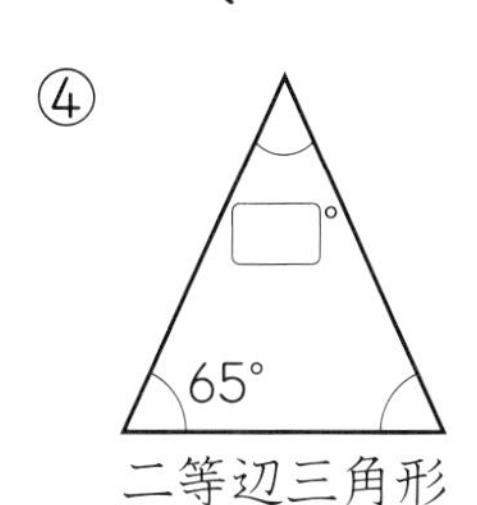
二等辺三角形
( )

⑤
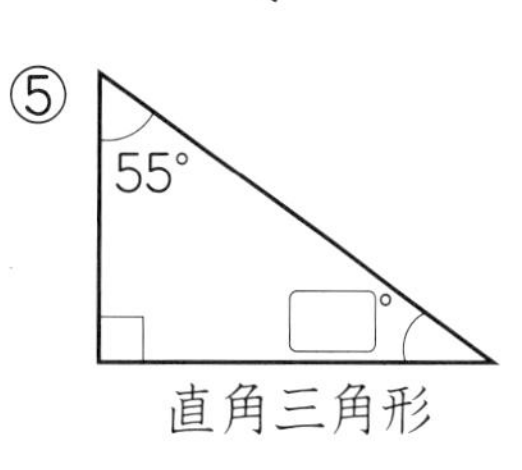
直角三角形
( )

⚠ミスに注意！

2 □にあてはまる数を、計算で求めましょう。 教 上135ページ 1、2

50点(1つ10)

①
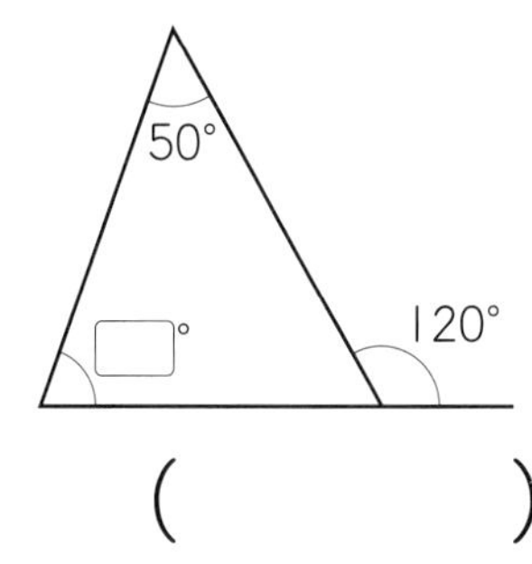
( )

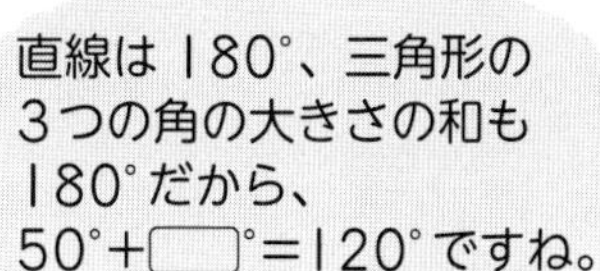

②
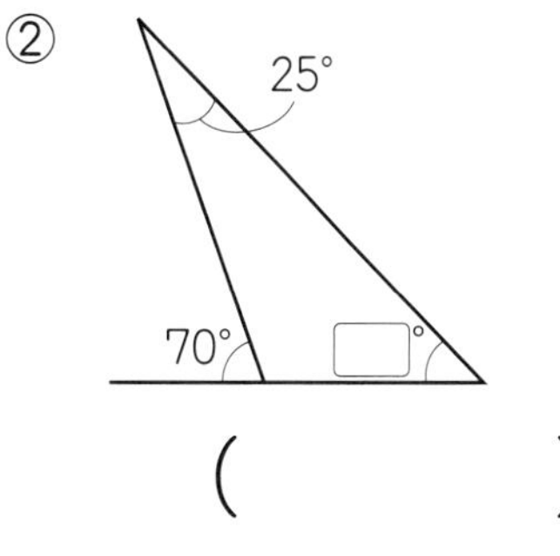
( )

③
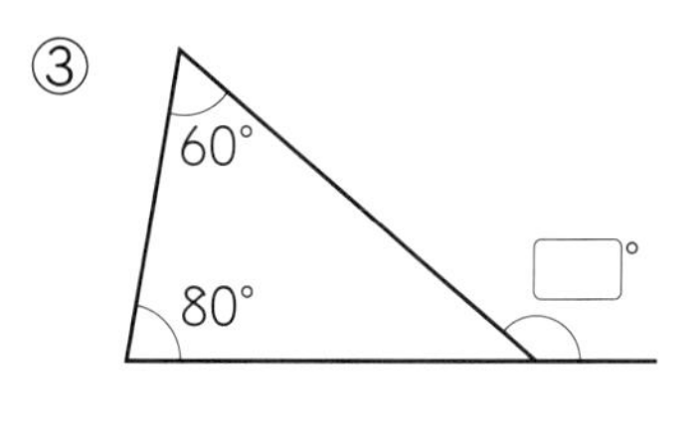
( )

④
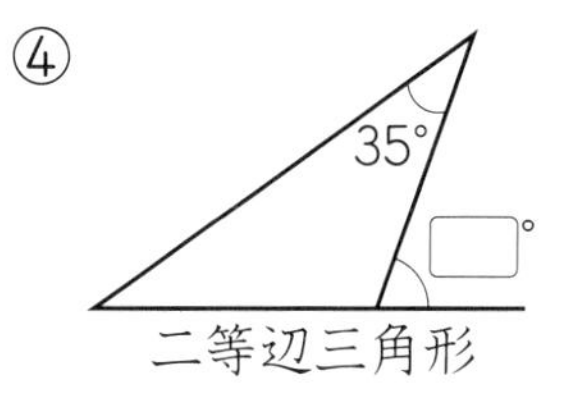
二等辺三角形
( )

⑤
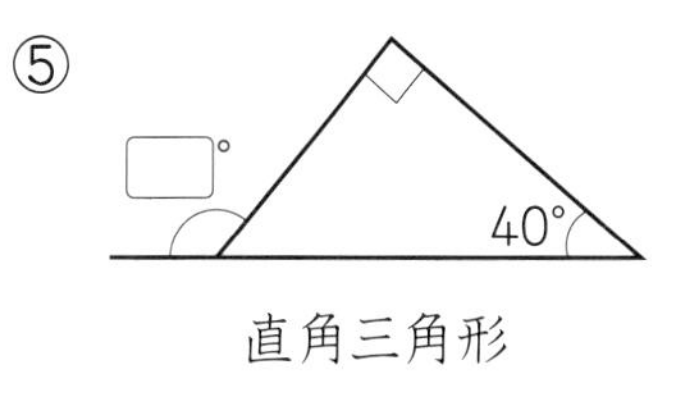
直角三角形
( )

教科書 上132〜135ページ

合格 80点 /100

月　日

9 図形の角

② 四角形の角の大きさの和

[四角形の 4 つの角の大きさの和は 360° です。]

1 □にあてはまる数を、計算で求めましょう。 教上138ページ2

60点(1つ10・①は全部できて10)

①

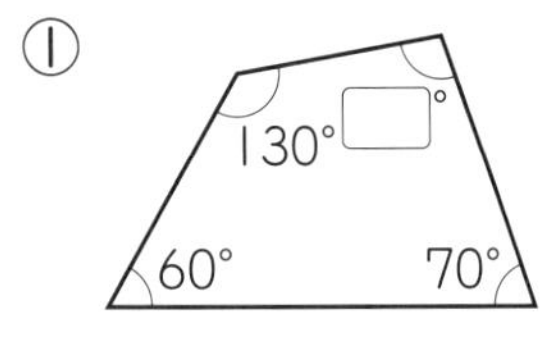

$360° - (130° + 60° + 70°)$

$= 360° - □°$

$= □°$ (　　　)

②

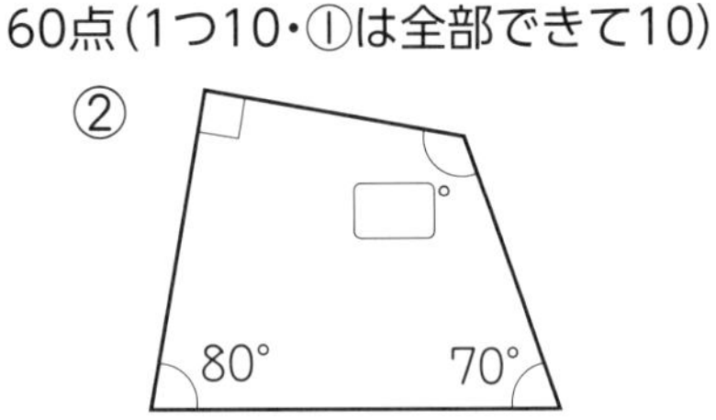

(　　　)

③

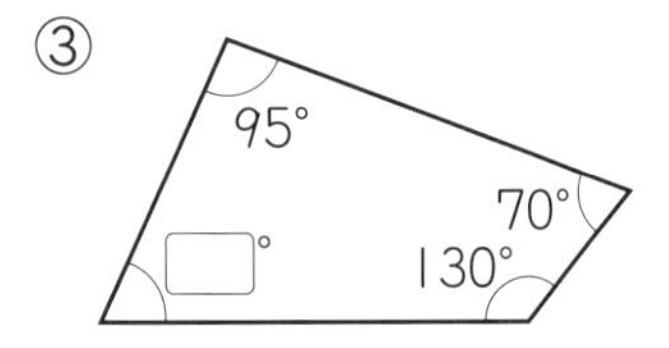

(　　　)

④

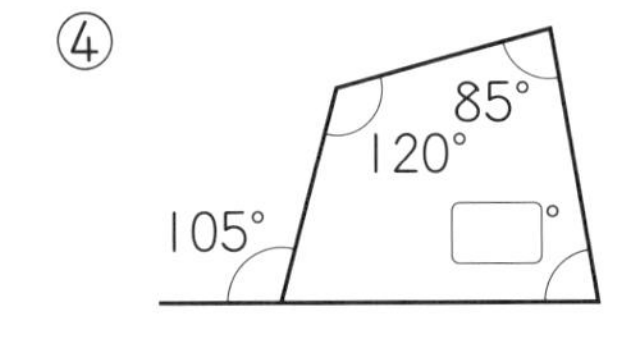

(　　　)

⑤

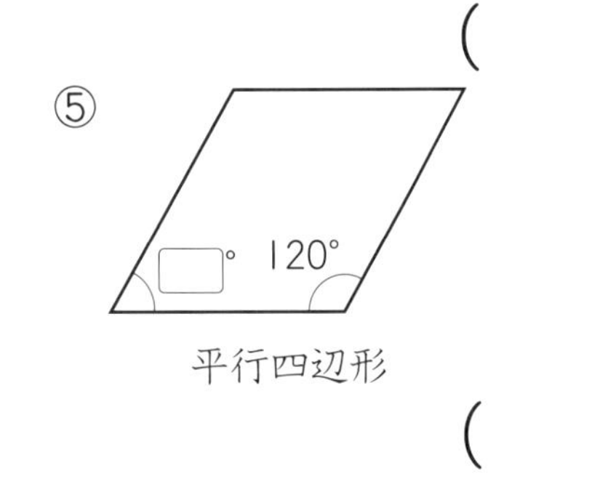

平行四辺形

(　　　)

⑥

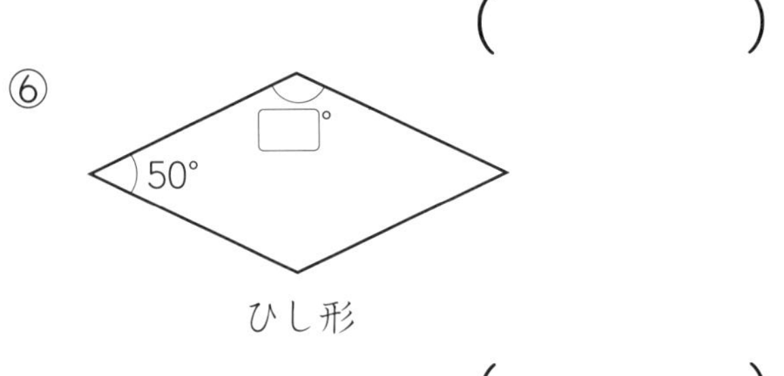

ひし形

(　　　)

ミスに注意!

2 □にあてはまる数を、計算で求めましょう。 教上138ページ2

40点(1つ20)

①

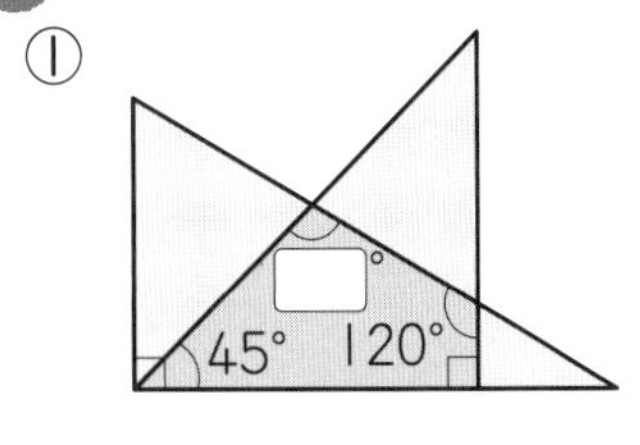

(　　　)

②

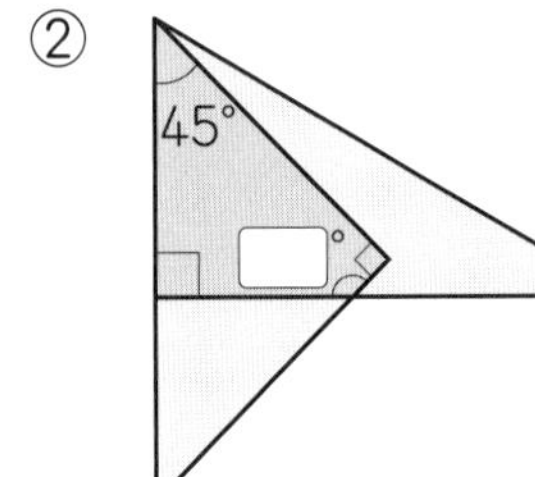

(　　　)

合格 80点 /100

月　日

9　図形の角

③　多角形の角の大きさの和

[五角形の 5 つの角の大きさの和は 540°、六角形の 6 つの角の大きさの和は 720°です。]

1 次の多角形の名前を書きましょう。　教上139～141ページ　40点(1つ10)

① 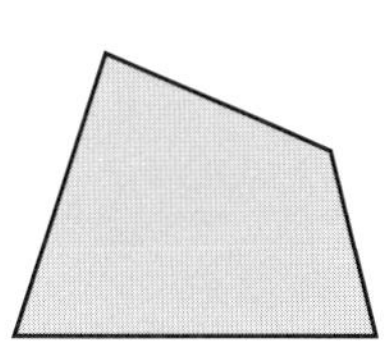
② 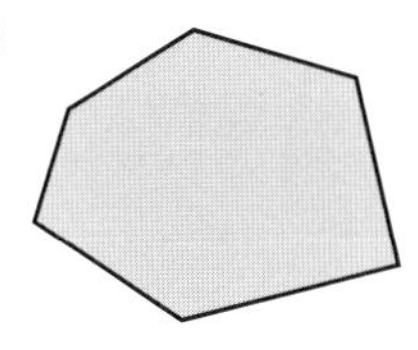
③ 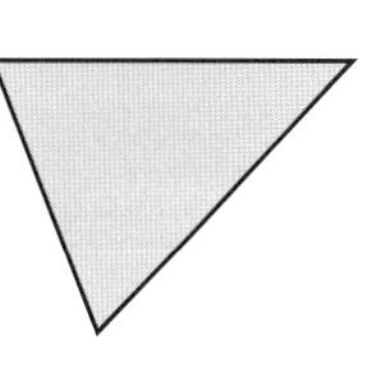
④ 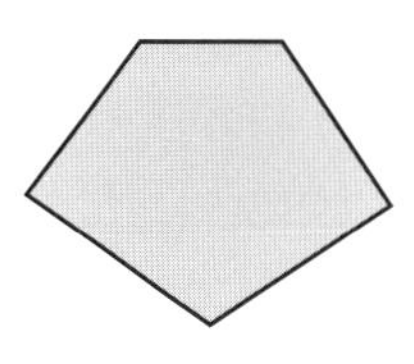

(　　　) (　　　) (　　　) (　　　)

2 右の図は七角形です。図を見て、問題に答えましょう。　教上141ページ1　30点(1つ10)

①　1つの頂点から対角線は何本引けますか。

(　　　)

②　1つの頂点から引いた対角線で分けられる三角形の数は、いくつですか。

(　　　)

③　七角形の角の大きさの和は、何度ですか。

(　　　)

対角線で分けられる三角形の数は
四角形が 2つ
五角形が 3つ
六角形が 4つだね。

3 次の多角形の角の大きさの和は、何度ですか。　教上141ページ1、2　30点(1つ15)

① 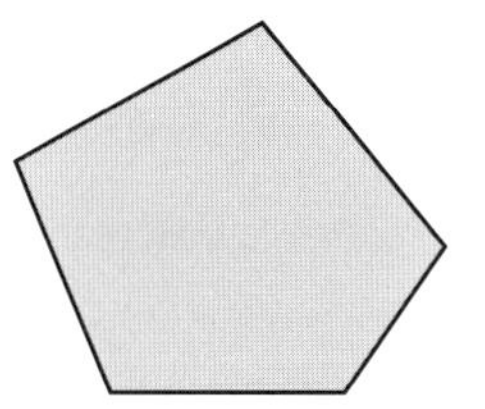
② 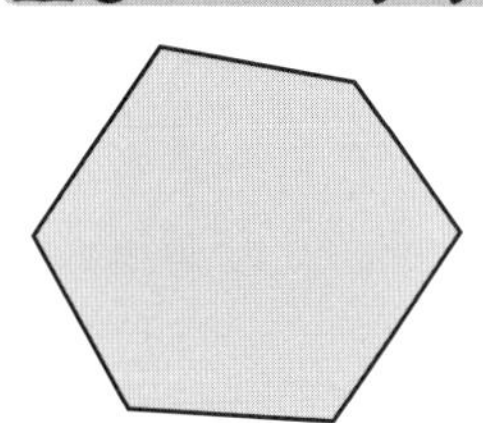

(　　　) (　　　)

教科書 上139～141ページ

時間 15分 合格 80点 /100

月 日

答え 89ページ

サクッとこたえあわせ

10 単位量あたりの大きさ(2) ……(1)

[速さは、単位時間あたりに進む道のりで表します。速さ＝道のり÷時間]

1 右の表は、けんじさんたち３人が走った道のりと時間を表しています。走るのがいちばん速いのはだれか調べましょう。

次の□にあてはまることばや数を書きましょう。 教 上145～147ページ1 35点(□1つ5)

走った道のりと時間

	道のり(m)	時間(分)
けんじさん	510	3
つよしさん	600	3
まことさん	600	4

① 走った時間が同じけんじさんとつよしさんとでは、道のりが大きい□さんの方が速いです。

② 走った道のりが同じつよしさんとまことさんとでは、時間が少ない□さんの方が速いです。

③ 走った時間も道のりもちがうけんじさんとまことさんとでは、１分間あたり何m走ったかを調べます。

けんじさん 510÷3＝□(m)、まことさん 600÷□＝□(m)

④ けんじさんとまことさんとでは、□さんの方が速いです。

2 156kmを３時間で走るバスと、200kmを４時間で走るトラックでは、どちらが速いですか。時速で比(くら)べましょう。 教 上148～149ページ2 35点(式20・答え15)

式

時速は、１時間あたりに進む道のりで表した速さだね。

答え (　　　　)

3 ９分間に657m歩く人と、５分間に355m歩く人とでは、どちらが速いですか。分速で比べましょう。 教 上149ページ▶1 30点(式15・答え15)

式

答え (　　　　)

時間 15分 合格 80点 ／100

月　日

サクッとこたえあわせ 答え 89ページ

10　単位量あたりの大きさ(2) ……(2)

秒速で表された速さを 60 倍すると分速が求められ、分速で表された速さを 60 倍すると時速が求められます。

1 時速 18km で走る自転車と、秒速 4m で走る人の速さを比べてみましょう。

教 上149～150ページ3　60点(①・②式15・答え10、③10)

① 時速 18km は、秒速何 m ですか。

式

1時間は 3600秒になるね。

答え（　　　　　）

② 秒速 4m は、時速何 km ですか。

式

答え（　　　　　）

③ 自転車と人では、どちらが速いですか。

（　　　　　）

2 次のⓐ～ⓤの中で、もっとも速いのはどれですか。記号を書きましょう。

教 上150ページ1　20点

ⓐ 時速 45km で進む台風

ⓘ 分速 700m で走る自動車

ⓤ 秒速 12m で飛ぶ鳥

（　　　　　）

⚠ミスに注意！

3 音は秒速 340m で進みます。音の時速は、何 km ですか。　教 上149～150ページ

20点(式10・答え10)

式

答え（　　　　　）

10 単位量あたりの大きさ(2) ……(3)

[道のり＝速さ×時間]

1 時速 30km で走っている自動車について、次の問いに答えましょう。

教 上150～151ページ 4 40点(式全部できて10・答え10)

① 2 時間では、何 km 進みますか。

式 30 × □ ＝ □

答え (　　　　)

道のり 0　30　□　□ (km)
時　間 0　1　2　3　4　5 (時間)

② 5 時間では、何 km 進みますか。

式

答え (　　　　)

5 時間で□km 進むとすると、

×5

30km	□km
1 時間	5 時間

×5

[時間＝道のり÷速さ]

2 時速 50km で走っている自動車について、次の問いに答えましょう。

教 上151ページ 1 40点(式全部できて10・答え10)

① 250km の道のりを進むのに、何時間かかりますか。

式 かかる時間を□時間として、

□ × □ ＝ □

□＝□ ÷ □、□＝□

道のり 0　50　250 (km)
時　間 0　1　□(時間)

答え (　　　　)

② 325km の道のりを進むのに、何時間かかりますか。

式

答え (　　　　)

ミスに注意！

3 秒速 300m で進む飛行機について、次の問いに答えましょう。 教 上151ページ 2

20点(式5・答え5)

① 40 秒間で何 m 進みますか。

式

答え (　　　　)

② 2.7km の道のりを進むのに、何秒かかりますか。

式

答え (　　　　)

サクッとこたえあわせ　答え 90ページ

11　分数のたし算とひき算

①　大きさの等しい分数　……(1)

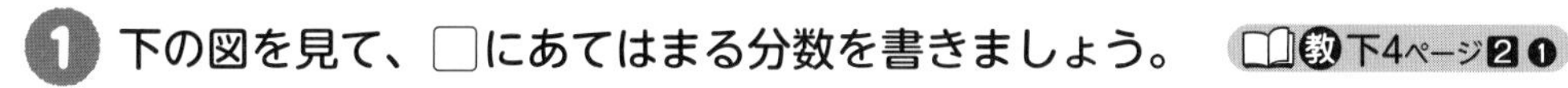

[分母と分子がちがっていても、大きさの等しい分数があります。]

1 下の図を見て、□にあてはまる分数を書きましょう。　教 下4ページ 2 1

60点(□1つ10)

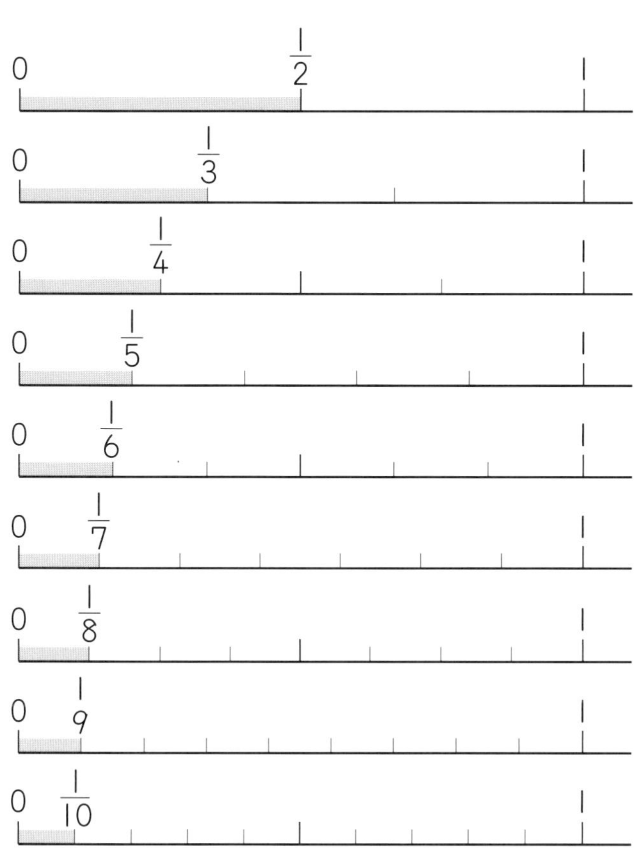

① $\frac{1}{2}$ に等しい分数

$\frac{2}{4}$　$\frac{□}{□}$　$\frac{□}{□}$　$\frac{□}{□}$

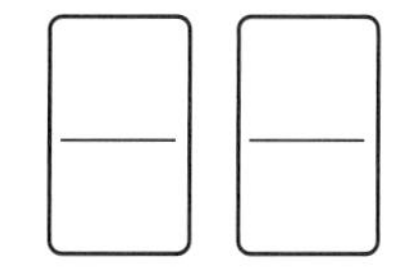

② $\frac{1}{3}$ に等しい分数

$\frac{□}{□}$　$\frac{□}{□}$

③ $\frac{1}{5}$ に等しい分数

$\frac{□}{□}$

2 次の□にあてはまる数を書きましょう。　教 下6ページ 3　40点(全部できて1つ10)

① $\frac{1}{7}=\frac{2}{□}=\frac{□}{21}=\frac{4}{□}$

② $\frac{1}{8}=\frac{2}{□}=\frac{□}{40}=\frac{6}{□}$

③ $\frac{8}{48}=\frac{4}{□}=\frac{□}{12}=\frac{1}{□}$

④ $\frac{8}{32}=\frac{□}{16}=\frac{2}{□}=\frac{1}{□}$

合格 80点 ／100

月　日

11　分数のたし算とひき算

①　大きさの等しい分数 ……(2)

［分母と分子を同じ数でわって、分母の小さい分数になおすことを「約分（やくぶん）する」といいます。］

1 $\frac{18}{24}$ を約分します。□にあてはまる数を書きましょう。 教 下7ページ3　40点（□1つ5）

① 分母も分子もわり切れる数は、分母と分子の公約数です。

18 と 24 の公約数は、□、□、□、□です。

② 分母と分子を 2 でわって約分すると $\frac{\square}{12}$、

3 でわって約分すると $\frac{\square}{8}$ になりますが、

これはまだ約分できます。

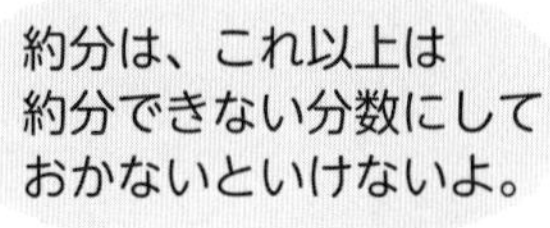

③ これ以上は約分できない分数にするには、分母と分子の最大公約数□でわります。

④ $\frac{18}{24}$ を約分すると、□になります。

2 次の□にあてはまる数を書きましょう。 教 下7ページ3　30点（全部できて1つ15）

① $\frac{16}{20}=\frac{8}{\square}=\frac{\square}{5}$　　② $\frac{9}{27}=\frac{\square}{9}=\frac{1}{\square}$

3 次の分数を約分しましょう。 教 下7ページ1　30点（1つ5）

① $\frac{3}{6}$　（　　）　② $\frac{2}{10}$　（　　）　③ $\frac{6}{8}$　（　　）

④ $\frac{8}{12}$　（　　）　⑤ $\frac{20}{24}$　（　　）　⑥ $\frac{15}{35}$　（　　）

合格 80点　　／100

答え 90ページ

11　分数のたし算とひき算

①　大きさの等しい分数　……(3)

[分数の大きさを変えないで、共通な分母の分数になおすことを「通分(つうぶん)する」といいます。]

1 $\frac{2}{3}$ と $\frac{3}{4}$ の大小を、大きさの等しい分数に変えて、比(くら)べます。
大小が比べられるのは、どの分数のときですか。  教 下8ページ4　20点(1つ10)

$\frac{2}{3}=\frac{4}{6}\quad\frac{6}{9}\quad\frac{8}{12}\quad\frac{10}{15}\quad\frac{12}{18}\quad\frac{14}{21}\quad\frac{16}{24}\quad\frac{18}{27}$

$\frac{3}{4}=\frac{6}{8}\quad\frac{9}{12}\quad\frac{12}{16}\quad\frac{15}{20}\quad\frac{18}{24}\quad\frac{21}{28}\quad\frac{24}{32}\quad\frac{27}{36}$

分母が等しい分数は、大きさを比べることができるね。

(　　と　　)(　　と　　)

⚠ミスに注意!

2 次の組の分数を通分して、□に等号や不等号を書きましょう。 教 下8ページ1　40点(1つ10)

① $\frac{1}{2}$ □ $\frac{2}{3}$　　② $\frac{3}{4}$ □ $\frac{7}{8}$

③ $\frac{5}{6}$ □ $\frac{7}{9}$　　④ $\frac{6}{8}$ □ $\frac{9}{12}$

3 次の組の分数の分母の最小公倍数を求めて、通分しましょう。 教 下9ページ5　20点(□1つ5・通分1つ5)

① $\left(\frac{1}{3}、\frac{4}{9}\right)$　3と9の最小公倍数は、□　(　　、　　)

② $\left(\frac{5}{6}、\frac{1}{8}\right)$　6と8の最小公倍数は、□　(　　、　　)

4 次の数を通分して、大小を比べましょう。  教 下9ページ3　20点(全部できて1つ10)

① $\frac{2}{5}、\frac{1}{2}、\frac{3}{4}$　　② $\frac{5}{18}、\frac{2}{9}、\frac{1}{12}$

(　　$<$　　$<$　　) 　　(　　$<$　　$<$　　) 

5、2、4の最小公倍数を分母にするといいんだね。

合格 80点 /100

月　日

11　分数のたし算とひき算

②　分数のたし算　……(1)

[分母のちがう分数のたし算は、通分して同じ分母の分数になおして計算します。]

1 次の□にあてはまる数を書いて、計算しましょう。　教 下10ページ1

30点(全部できて1つ15)

① $\frac{1}{3}+\frac{1}{4}=\frac{\square}{12}+\frac{\square}{\square}$

$=\frac{\square}{12}$

② $\frac{1}{2}+\frac{2}{5}=\frac{5}{\square}+\frac{\square}{\square}$

$=\frac{\square}{\square}$

2 次の□にあてはまる数を書いて、計算しましょう。　教 下10ページ1▶

30点(全部できて1つ15)

① $\frac{1}{2}+\frac{1}{6}=\frac{\square}{\square}+\frac{1}{6}$

$=\frac{\square}{6}$

$=\frac{\square}{3}$

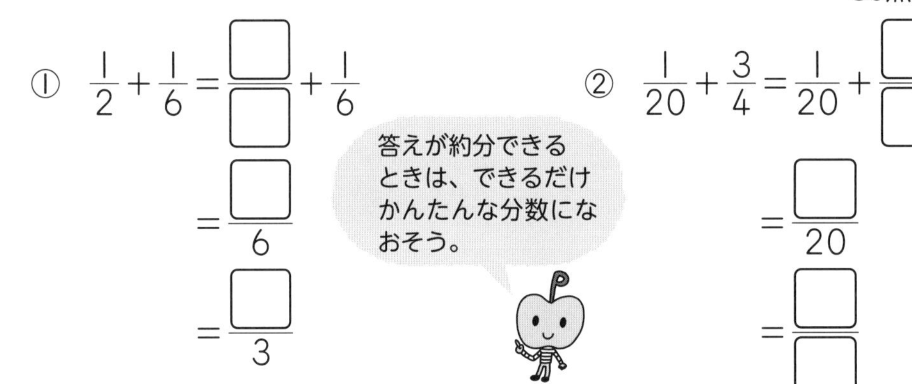

② $\frac{1}{20}+\frac{3}{4}=\frac{1}{20}+\frac{\square}{\square}$

$=\frac{\square}{20}$

$=\frac{\square}{\square}$

[分数のたし算で、答えが仮分数(かぶんすう)になったときは、帯分数になおすと大きさがわかりやすくなります。]

3 次の□にあてはまる数を書いて、計算しましょう。　教 下11ページ2▶

40点(全部できて1つ20)

① $\frac{2}{3}+\frac{3}{5}=\frac{\square}{15}+\frac{\square}{15}$

$=\frac{\square}{\square}$

$=\square$

② $\frac{3}{4}+\frac{5}{8}=\frac{6}{\square}+\frac{\square}{\square}$

$=\frac{\square}{\square}$

$=\square$

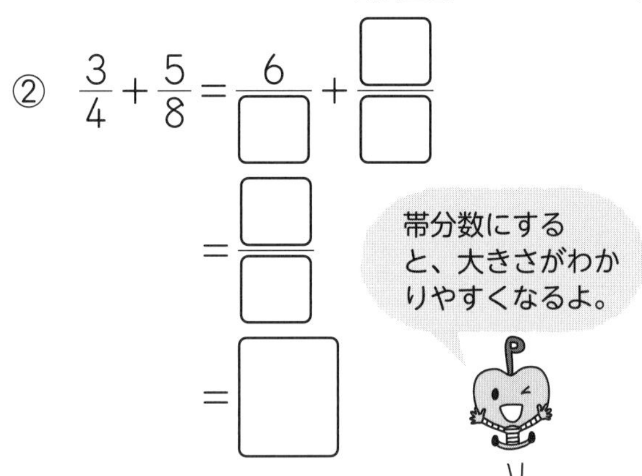

11 分数のたし算とひき算

② 分数のたし算 ……(2)

1 $1\frac{1}{2}+2\frac{4}{5}$ の計算を、ただしさんとみかさんは、次のようにしました。□にあてはまる数を書きましょう。 教下11〜12ページ2 30点(全部できて1つ15)

① ただしさん

$$1\frac{1}{2}+2\frac{4}{5}=1\frac{\square}{10}+2\frac{\square}{10}$$
$$=3\frac{\square}{10}$$
$$=\square\frac{\square}{10}$$

② みかさん

$$1\frac{1}{2}+2\frac{4}{5}=\frac{\square}{2}+\frac{\square}{5}$$
$$=\frac{\square}{10}+\frac{\square}{10}$$
$$=\frac{\square}{10}$$
$$=\square\frac{\square}{10}$$

2 重さが $1\frac{2}{3}$ kg の箱に、$3\frac{1}{4}$ kg の荷物をつめます。全体で何 kg になりますか。
教下11〜12ページ2 40点(式20・答え20)

式

答え (　　　　)

⚠ミスに注意!

3 次の計算をしましょう。 教下12ページ1 30点(1つ10)

① $1\frac{1}{3}+2\frac{10}{11}$　② $3\frac{11}{18}+2\frac{5}{6}$　③ $1\frac{1}{8}+4\frac{5}{12}$

時間15分　合格80点　/100

月　日

答え 90ページ

11　分数のたし算とひき算

③　分数のひき算　……(1)

[分母のちがう分数のひき算は、通分して同じ分母の分数にして計算します。]

1 次の□にあてはまる数を書いて、計算しましょう。　教 下13ページ1

20点(全部できて1つ10)

① $\frac{4}{5}-\frac{1}{10}=\frac{\square}{\square}-\frac{1}{10}$
$=\frac{\square}{10}$

② $\frac{3}{4}-\frac{1}{3}=\frac{9}{\square}-\frac{\square}{\square}$
$=\frac{\square}{\square}$

2 次の□にあてはまる数を書いて、計算しましょう。　教 下13ページ1

20点(全部できて1つ10)

① $\frac{11}{12}-\frac{1}{4}=\frac{11}{12}-\frac{\square}{\square}$
$=\frac{\square}{12}$
$=\frac{\square}{3}$

② $\frac{7}{5}-\frac{3}{4}=\frac{\square}{20}-\frac{\square}{20}$
$=\frac{\square}{\square}$

答えはできるだけかんたんな分数にしよう。

3 次の計算をしましょう。　教 下14ページ2、3

60点(1つ10)

① $\frac{14}{15}-\frac{1}{10}$

② $\frac{5}{6}-\frac{2}{7}$

③ $\frac{2}{3}-\frac{1}{6}$

④ $\frac{4}{3}-\frac{2}{5}$

⑤ $\frac{9}{7}-\frac{13}{21}$

⑥ $\frac{7}{6}-\frac{2}{9}$

教科書 下13～14ページ

11　分数のたし算とひき算
③　分数のひき算　……(2)

[帯分数のひき算には、仮分数（かぶんすう）になおして計算する方法と、帯分数のまま計算する方法があります。]

1 $3\frac{1}{2}-2\frac{3}{5}$ の計算を、よしこさんとさとしさんは、次のようにしました。□にあてはまる数を書きましょう。　教 下14～15ページ2　40点(全部できて1つ20)

① よしこさん

$$3\frac{1}{2}-2\frac{3}{5}=\frac{\square}{2}-\frac{\square}{5}$$
$$=\frac{\square}{10}-\frac{\square}{10}$$
$$=\square$$

② さとしさん

$$3\frac{1}{2}-2\frac{3}{5}=3\frac{\square}{10}-2\frac{\square}{10}$$
$$=2\frac{\square}{10}-2\frac{\square}{10}$$
$$=\square$$

ミスに注意！

2 家から $2\frac{1}{6}$ km はなれた駅まで歩いています。$1\frac{3}{4}$ km 歩きました。駅まではあと何 km ですか。　教 下14～15ページ2　20点(式10・答え10)

式

答え（　　　　　）

ミスに注意！

3 次の計算をしましょう。　教 下15ページ1　20点(1つ10)

① $3\frac{8}{15}-1\frac{5}{6}$　　② $5\frac{5}{12}-1\frac{17}{36}$

4 次の計算をしましょう。　教 下16ページ3、2　20点(1つ10)

① $\frac{11}{12}-\frac{5}{6}+\frac{7}{9}$　　② $\frac{1}{3}+\frac{7}{9}-\frac{5}{6}$

合格 80点 /100

12 分数と小数・整数

① わり算の商と分数

サクッとこたえあわせ 答え 91ページ

[分数を使うと、小数ではきちんと表せないわり算の商を表すことができます。]

1 次のわり算の商について、これらの式を、下のあ～うの仲間に分けましょう。 教 下21ページ 1 2 30点(1つ10)

4÷1、4÷2、4÷3、4÷4、
4÷5、4÷6、4÷7、4÷8

あ わり切れて商が整数で表せる。
(　　　　)

い わり切れて商が小数で表せる。
(　　　　)

う わり切れない。
(　　　　)

2 5mのひもを8等分すると、1本分の長さは何mになりますか。 教 下22ページ 1 30点(1つ15)

① 式を書きましょう。
(　　　　)

② 1本分の長さを分数で求めましょう。
(　　　　)

3 次の商を分数で表しましょう。 教 下22ページ 2 20点(1つ5)

① 2÷3 (　　　　)　② 4÷9 (　　　　)

③ 7÷4 (　　　　)　④ 11÷7 (　　　　)

4 オレンジジュースは18L、りんごジュースは12Lあります。 教 下23ページ 2、1 20点(式5・答え5)

① オレンジジュースはりんごジュースの何倍ですか。

式

答え (　　　　)

② りんごジュースはオレンジジュースの何倍ですか。

式

答え (　　　　)

時間15分　合格80点　／100

月　日

答え 91ページ　サクッとこたえあわせ

12　分数と小数・整数

②　分数と小数・整数

[分子÷分母で計算すると、分数を小数や整数になおすことができます。]

1 3m のテープを 5 等分すると、1 本分の長さは何 m になりますか。

教 下25ページ 1　20点(1つ10)

① 1本分の長さを分数で答えましょう。

(　　　　)

② 1本分の長さを小数で答えましょう。

(　　　　)

2 次の分数を、小数や整数で表しましょう。　教 下25ページ▶　20点(1つ5)

① $\frac{3}{10}=$ □　② $\frac{39}{100}=$ □

③ $\frac{15}{3}=15\div3=$ □　④ $2\frac{4}{5}=\frac{14}{5}=14\div5=$ □

3 次の小数を、分数で表しましょう。　教 下26ページ 2　10点(1つ5)

① 1.9　(　　　　)　② 0.23　(　　　　)

4 整数 3、8を分数で表します。□にあてはまる数を書きましょう。　教 下26ページ▶　40点(□1つ5)

① $3=3\div1=$ □

② $3=6\div2=$ □

③ $3=9\div$ □ $=$ □

④ $8=8\div1=$ □

⑤ $8=16\div2=$ □

⑥ $8=24\div$ □ $=$ □

ミスに注意!

5 次の数を、小さい方から順にならべましょう。　教 下28ページ▶　全部できて10点

0.9　$\frac{7}{10}$　$1\frac{3}{4}$　$\frac{3}{2}$　1.8　$\frac{6}{5}$

(　　　　　　　　　　　　)

合格 80点 /100

13 割合(わりあい)(1)

① 割合

⚠ミスに注意!

1 右の表は、たかしさんが乗った電車とバスの定員と乗客数を調べたものです。

教 下36〜37ページ2　40点(①・②式10・答え5、③10)

電車とバスの定員と乗客数

	定員(人)	乗客数(人)
電車	120	102
バス	50	41

① 電車のこみぐあいを求めましょう。

式 102 ÷ 120 = □

乗客数 / 比(くら)べられる量　定員 / もとにする量　こみぐあい / 割合

答え (　　　)

② バスのこみぐあいを求めましょう。

式

答え (　　　)

③ どちらがこんでいるでしょうか。

(　　　)

2 次の割合を求めましょう。　教 下38ページ1　30点(1つ10)

① 野球の試合を 8 回して 6 回勝ったときの、勝った割合。

(　　　)

② 遠足に 36 人のクラス全員が参加したときの、参加者の割合。

(　　　)

③ バスケットボールの試合で 5 回シュートして、1 回も入らなかったときの、入った回数の割合。

(　　　)

[割合＝比べられる量÷もとにする量]

3 右の表は、1 組と 2 組の女子の人数と全員の人数を表したものです。クラス全員の人数をもとにして、女子の人数の割合を求めましょう。　教 下38ページ2　30点(式10・答え5)

	全員の人数(人)	女子の人数(人)
1 組	40	18
2 組	38	19

① 1 組について求めましょう。

式

答え (　　　)

② 2 組について求めましょう。

式

答え (　　　)

時間 15分　合格 80点　／100　月　日

答え 91ページ　サクッとこたえあわせ

13　割合（わりあい）(1)

②　百分率（ひゃくぶんりつ）と歩合（ぶあい）……(1)

[小数で表された割合の 0.01 を 1 パーセントといい、1%と書きます。]

1 右の表は、ゆうたさんのクラスで、先週の読書の時間に読んだ本の種類について調べたものです。　教 下39ページ1、40ページ1　40点(1つ10)

① 表の中の、㋐～㋒の割合を、百分率で表しましょう。

小数で表した割合を
100倍すると、
百分率になるよ。

読んだ本調べ

	人数(人)	百分率(%)
物　語	18	㋐
伝　記	4	10
科　学	12	㋑
図かん	2	㋒
その他	4	10
合　計	40	㋓

㋐（　　　　）
㋑（　　　　）
㋒（　　　　）

② それぞれの百分率を合計した㋓にあてはまる数を求めましょう。

（　　　　）

2 次の割合を、小数は百分率で、百分率は小数で表しましょう。　教 下40ページ2　40点(1つ10)

① 0.06　② 0.24　③ 30%　④ 48.5%

（　　　）（　　　）（　　　）（　　　）

ミスに注意！

3 定員 600 人の電車に、午前 8 時には 720 人、午前 10 時には 210 人の人が乗っていました。　教 下40ページ3　20点(1つ10)

① 午前 8 時の電車のこみぐあいを、百分率で求めましょう。

（　　　　）

定員より乗客数が
多いときは、百分率
は100%より大き
くなるね。

② 午前 10 時の電車のこみぐあいを、百分率で求めましょう。

（　　　　）

時間 15分　合格 80点　／100　月　日

13 割合(わりあい)(1)
② 百分率(ひゃくぶんりつ)と歩合(ぶあい) ……(2)

[割合の表し方には、百分率のほかに、割(わり)、分(ぶ)、厘(りん)を用いる歩合があります。]

1 次の割合を、百分率と歩合で表しましょう。 教 下41ページ 2、1、42ページ 2

30点(( )1つ5)

① 輪投げで、8回投げて3回入ったときの、入った割合。

百分率 (　　　　) 歩合 (　　　　)

② 10題の問題のうち全部が正答だったときの、正答の割合。

百分率 (　　　　) 歩合 (　　　　)

③ 20回くじをひいて、1回当たったときの、当たった割合。

百分率 (　　　　) 歩合 (　　　　)

2 次の小数で表された割合を、歩合で表しましょう。 教 下42ページ 3、4　30点(1つ5)

① 0.4 (　　　　)　② 0.07 (　　　　)　③ 0.002 (　　　　)

④ 0.62 (　　　　)　⑤ 0.054 (　　　　)　⑥ 0.319 (　　　　)

3 次の歩合を、小数で表しましょう。 教 下42ページ 3、4　40点(①・②1つ4、③〜⑥1つ8)

① 9割 (　　　　)　② 6分 (　　　　)　③ 5厘 (　　　　)

④ 2割7分 (　　　　)　⑤ 8割3厘 (　　　　)　⑥ 7割2分5厘 (　　　　)

教科書 下41〜42ページ

合格 80点 /100

月　日

答え 92ページ

14　図形の面積

①　平行四辺形の面積 ……(1)

[平行四辺形の面積＝底辺(ていへん)×高さ]

1 次の平行四辺形の面積を求めましょう。 教下47〜49ページ

50点(1つ10、①は全部できて10)

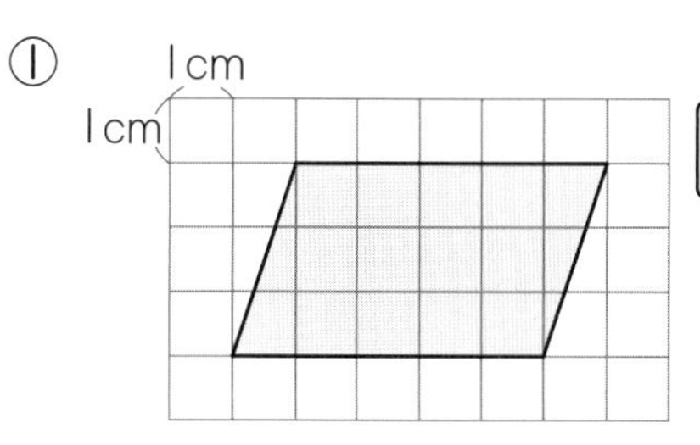

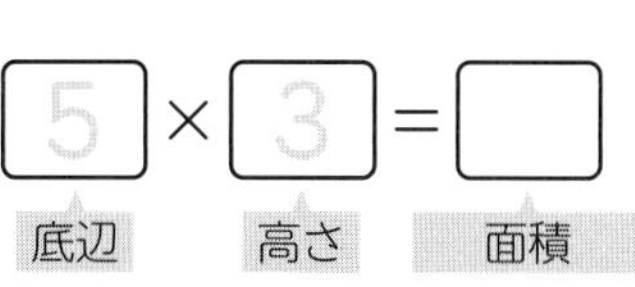

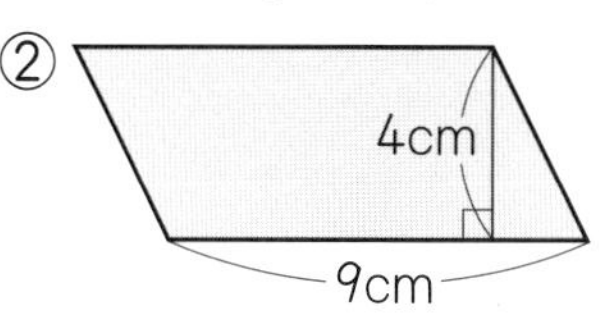

(　　　　)　(　　　　)

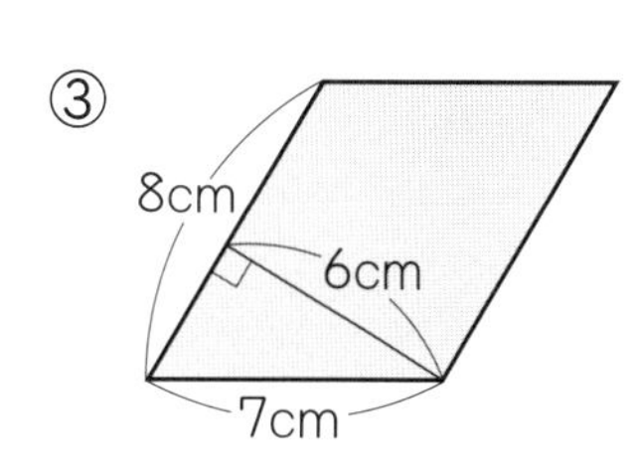

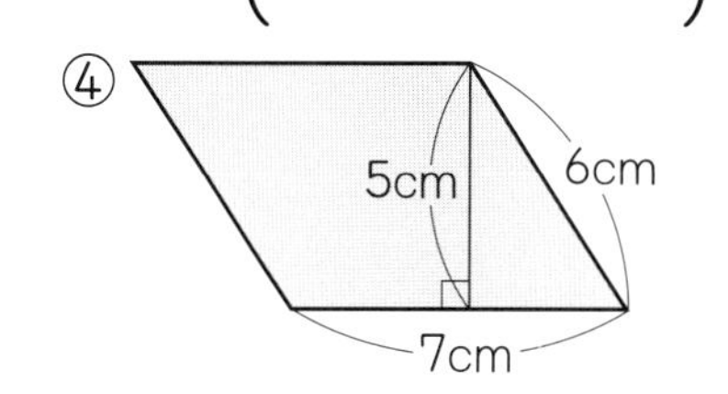

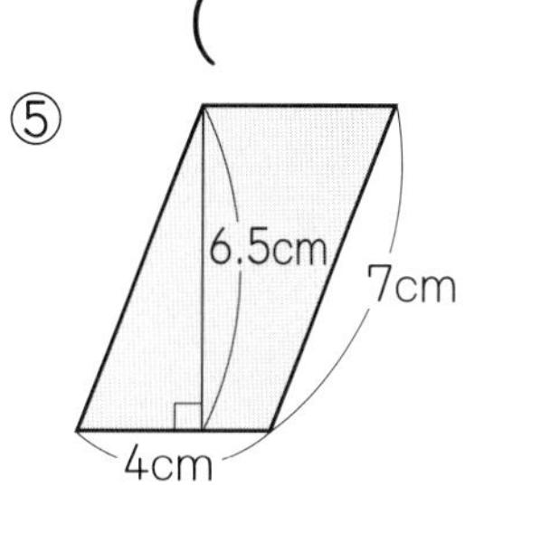

(　　　　)　(　　　　)　(　　　　)

⚠ミスに注意！

2 下の平行四辺形の面積を求めましょう。 教下50ページ3、51ページ1

50点(式15・答え10)

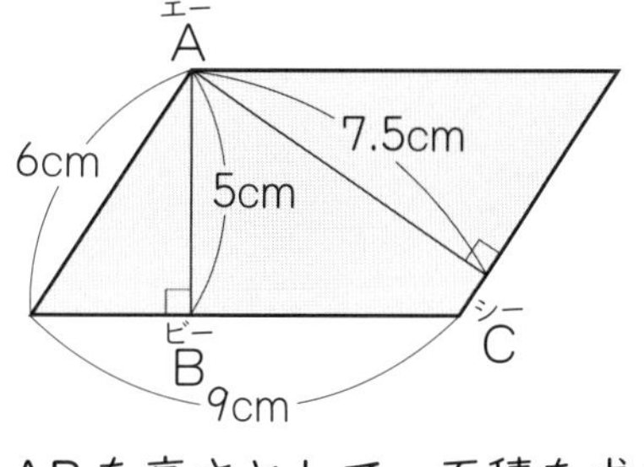

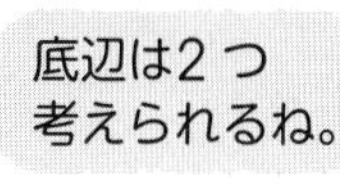

①　ABを高さとして、面積を求めましょう。

式 □×□＝□

答え (　　　　)

②　ACを高さとして、面積を求めましょう。

式 □×□＝□

答え (　　　　)

時間 15分　合格 80点　　/100

月　日

14　図形の面積

①　平行四辺形の面積　……(2)

[平行四辺形の面積＝底辺×高さ]

1 次の平行四辺形の面積を求めましょう。 教 下51〜52ページ 4、1

50点(1つ10、①は全部できて10)

①

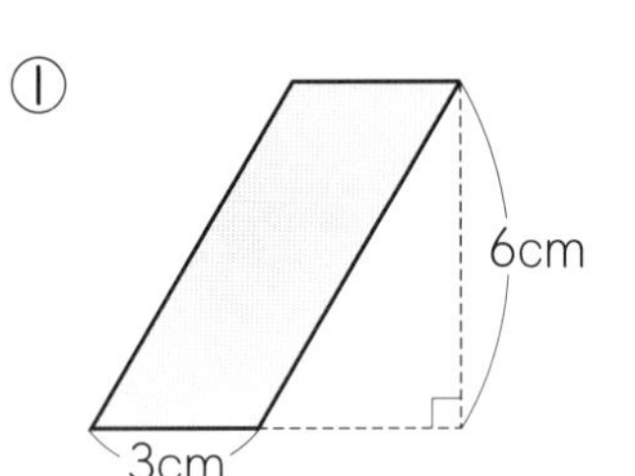

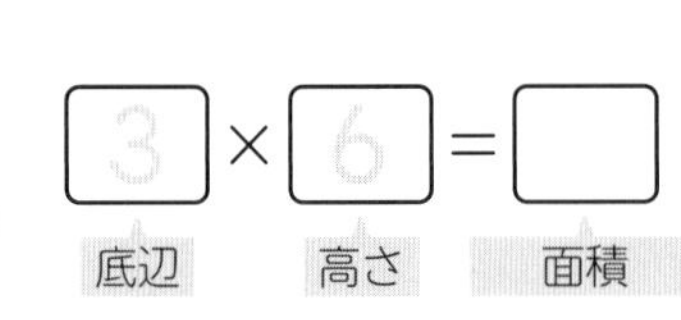

$\boxed{3} \times \boxed{6} = \boxed{}$

②

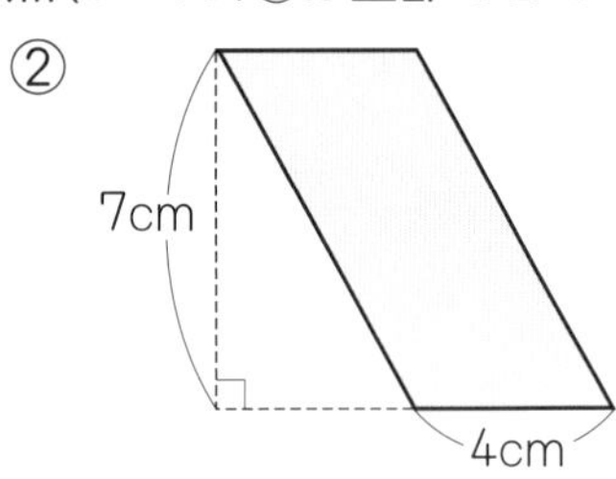

(　　　　)　(　　　　)

③

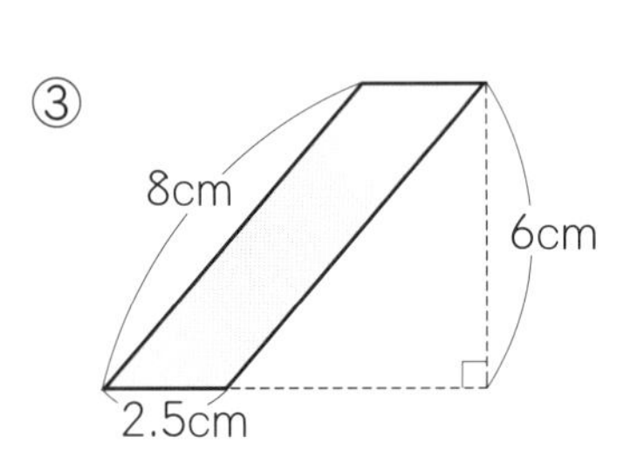

④

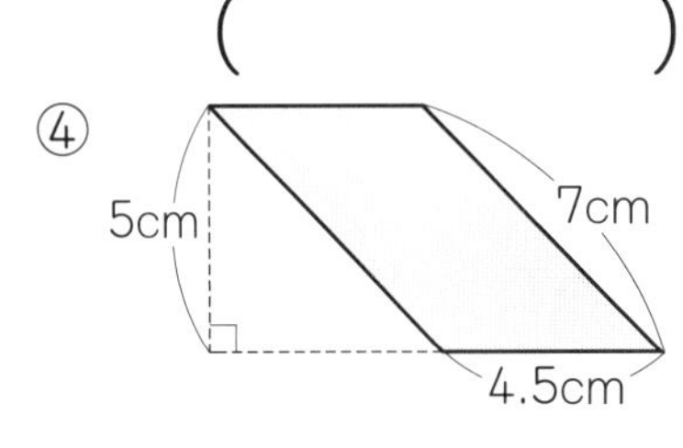

⑤

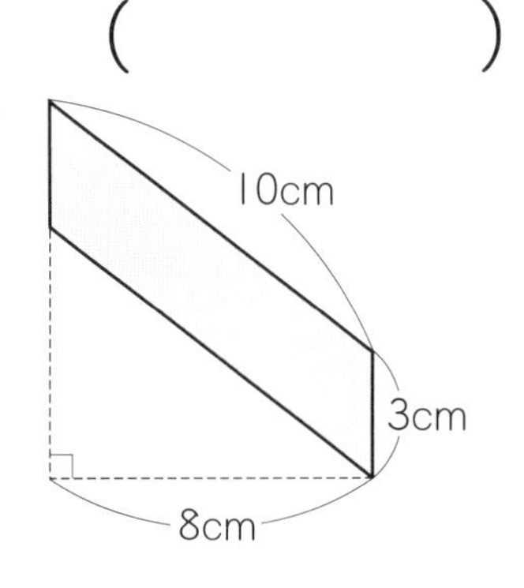

(　　　　)　(　　　　)　(　　　　)

2 次の問いに答えましょう。 教 下53ページ 1

50点(式15・答え10)

①　面積が $56cm^2$ で、高さが 7cm の平行四辺形の底辺の長さを求めましょう。

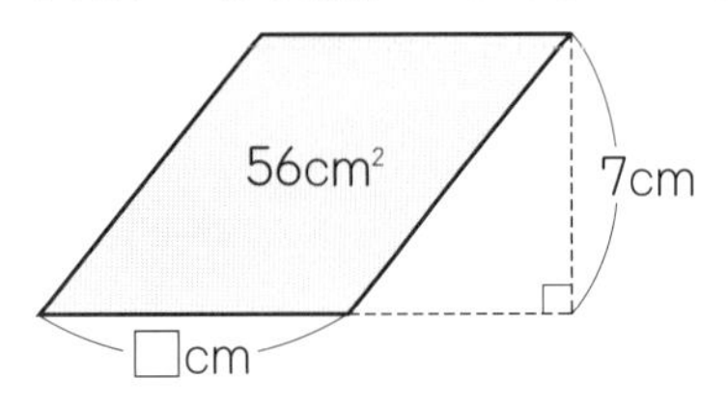

式 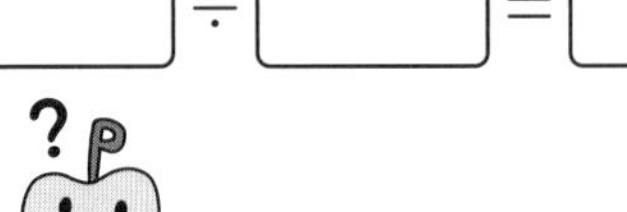

$\boxed{} \div \boxed{} = \boxed{}$

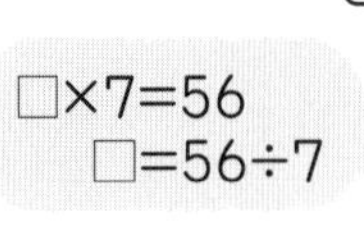

答え (　　　　)

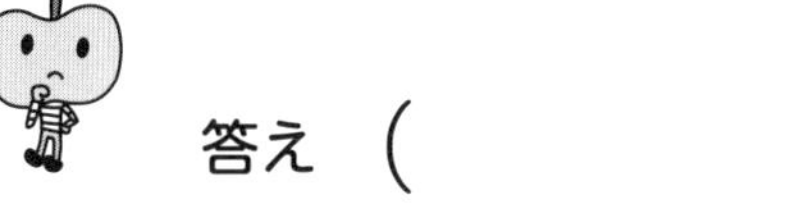

②　面積が $24cm^2$ で、高さが 6cm の平行四辺形の底辺の長さを求めましょう。

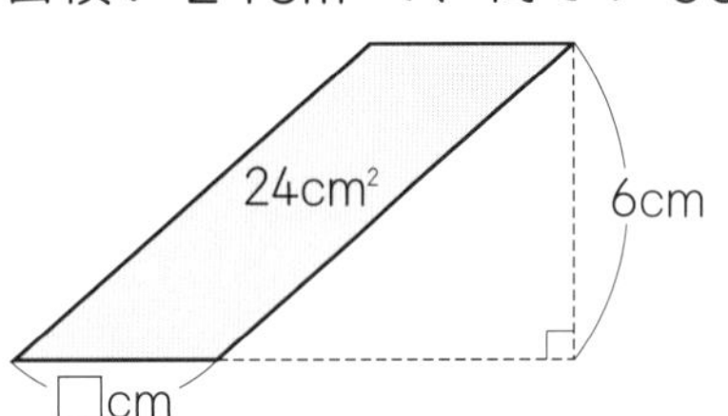

式

答え (　　　　)

合格 80点 /100

月　日

14　図形の面積

②　三角形の面積　……(1)

答え 92ページ

[三角形の面積＝底辺×高さ÷2]

1 次の三角形の面積を求めましょう。　教 下54～57ページ

50点(1つ10、①は全部できて10)

①

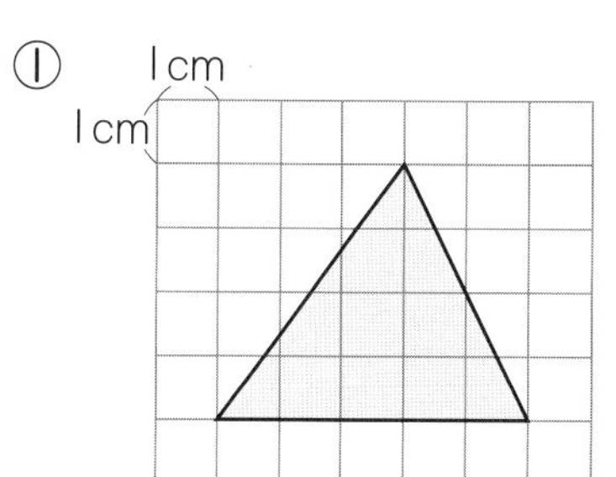

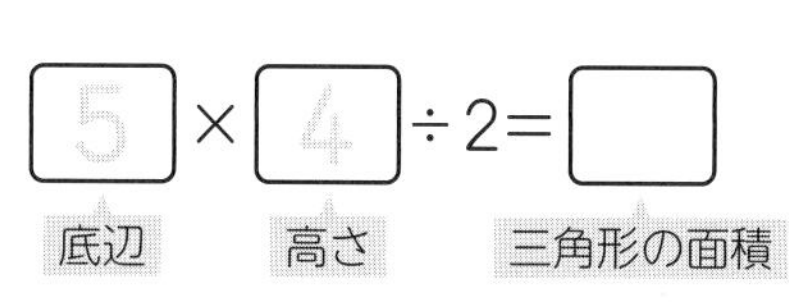

(　　　　　)

②

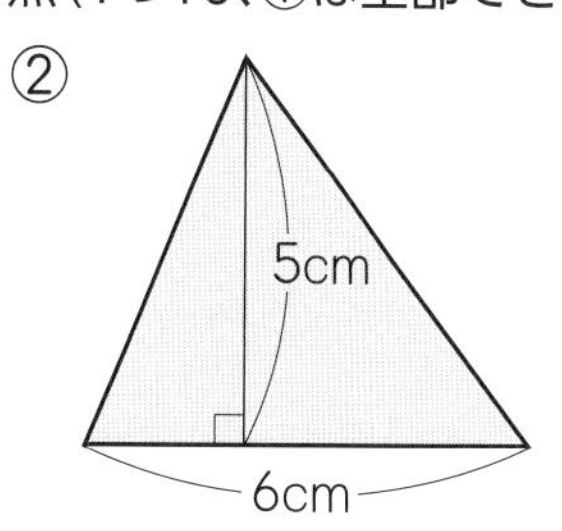

(　　　　　)

③

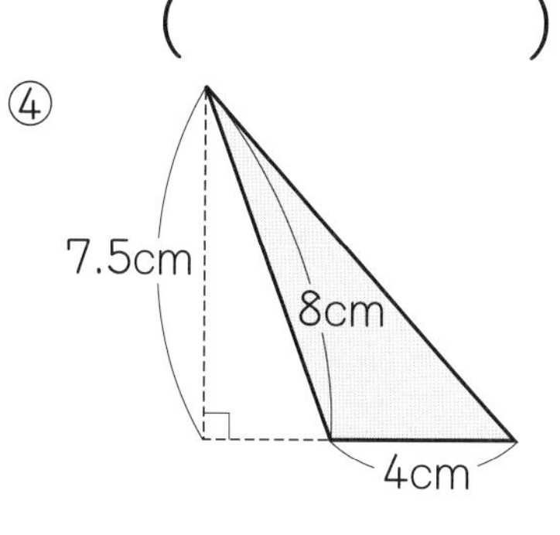

(　　　　　)

④

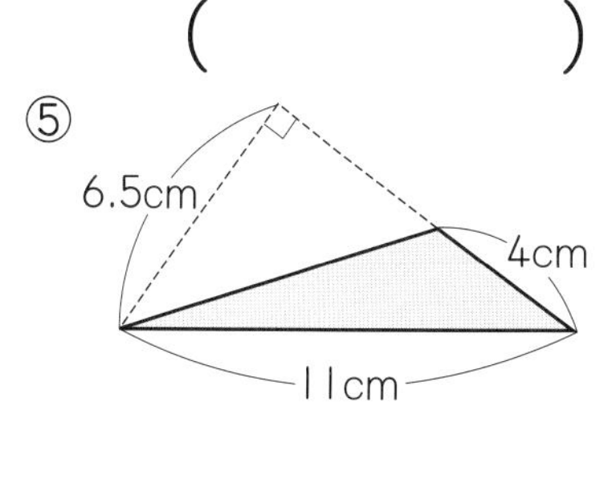

(　　　　　)

⑤

(　　　　　)

ミスに注意！

2 下の三角形ABC(エービーシー)の面積を、次のようにして求めましょう。　教 下57ページ

50点(式15・答え10)

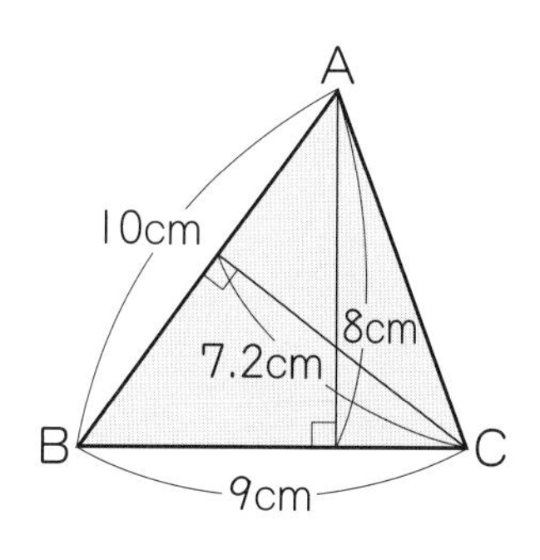

①　辺BCを底辺としたとき。

式

答え (　　　　　)

②　辺ABを底辺としたとき。

式

答え (　　　　　)

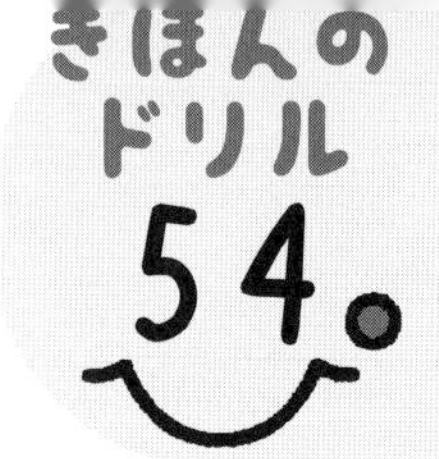

時間 15分　合格 80点　／100　　月　日

答え 92ページ　サクッとこたえあわせ

14　図形の面積
②　三角形の面積　……(2)

[どんな形の三角形でも、底辺の長さが等しく、高さも等しければ、面積も等しくなります。]

1 下の図で、直線アイとウエは平行です。それぞれの三角形の面積を求めましょう。

教 下58ページ2　30点(1つ10)

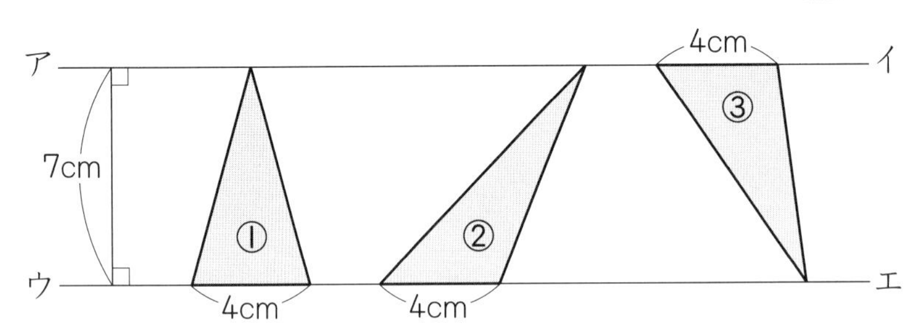

①（　　　　　　）　②（　　　　　　）　③（　　　　　　）

2 右の図は直角三角形です。　教 下59ページ3　30点(1つ10)

① 面積を求めましょう。

（　　　　　　）

② 辺BCを底辺とし、ADの長さを□cmとして、面積を求める式を書きましょう。

（　　　　　　）

③ ADの長さを求めましょう。

（　　　　　　）

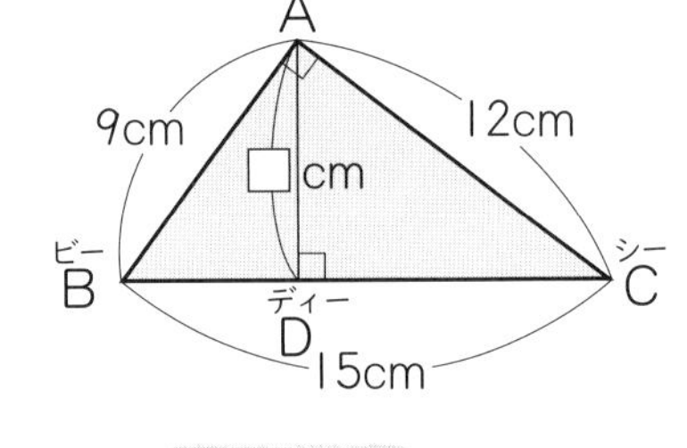

どの辺を底辺とするかで、高さはちがってくるね。

⚠ミスに注意！

3 右の図を見て、答えましょう。　教 下59ページ5　40点(1つ20)

① 三角形CABの面積を求めましょう。

（　　　　　　）

② BCを底辺としたときの高さを求めましょう。

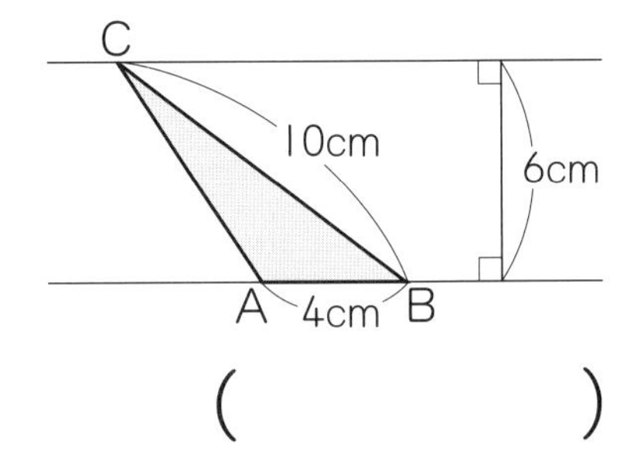

（　　　　　　）

時間15分　合格80点　／100

月　日

サクッとこたえあわせ　答え 92ページ

14　図形の面積

③　台形の面積／④　ひし形の面積

[台形の面積＝(上底＋下底)×高さ÷2、ひし形の面積＝対角線×対角線÷2]

1 次の台形の面積を求めましょう。　教 下60～61ページ 1、1

40点(1つ20、①は全部できて20)

①

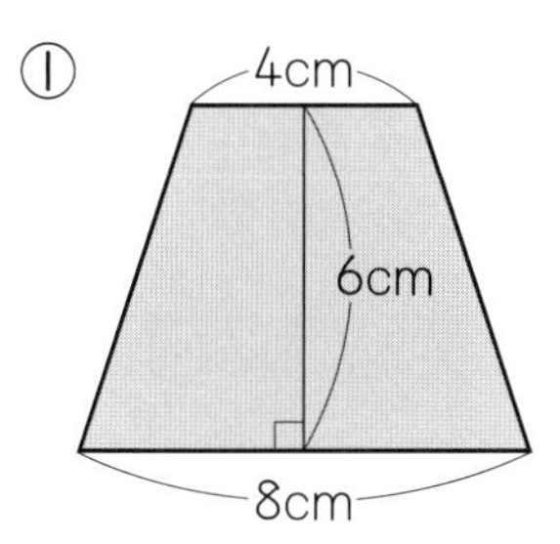

②

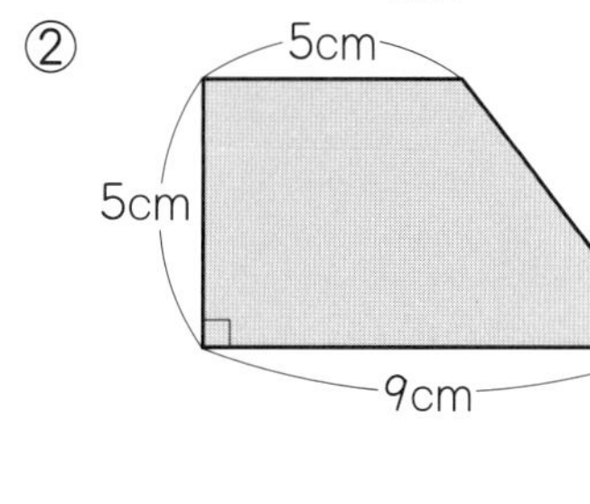

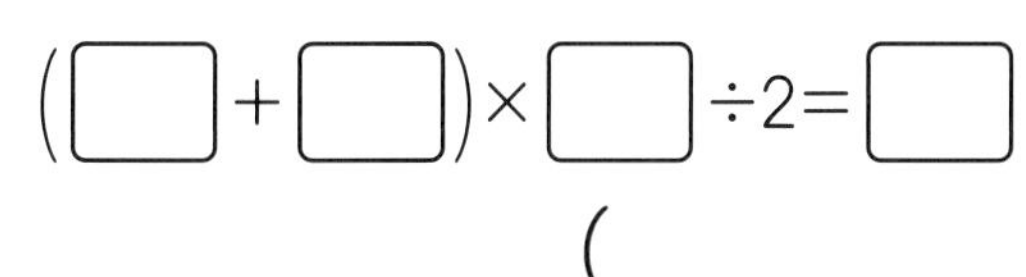

(　　　　)　　(　　　　)

2 次のひし形の面積を求めましょう。　教 下62ページ 1、63ページ 2

40点(1つ20、①は全部できて20)

①

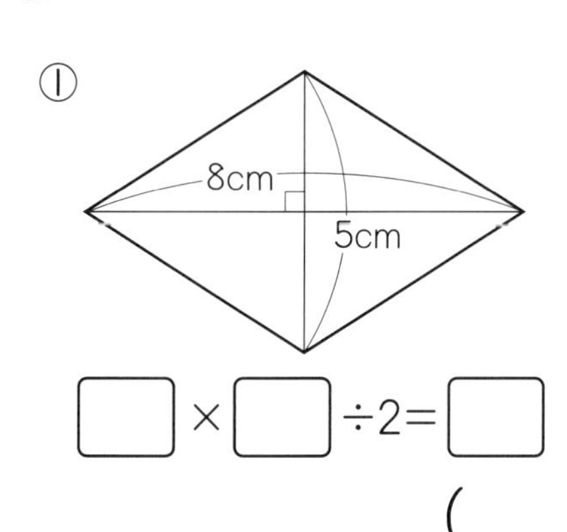

②

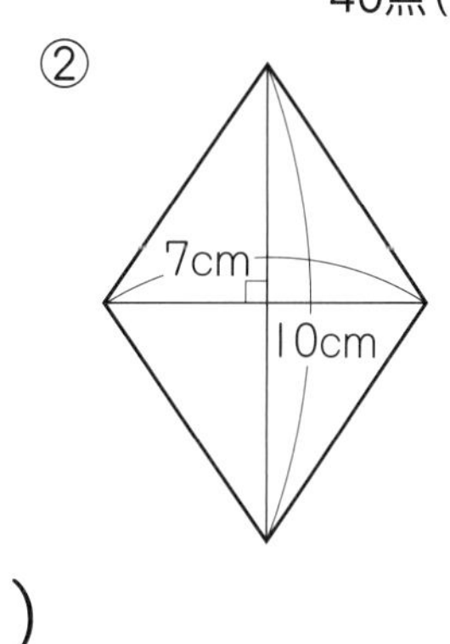

(　　　　)　　(　　　　)

ミスに注意！

3 次の図のように、対角線が垂直に交わっている四角形の面積を求めましょう。　教 下63ページ 3　20点

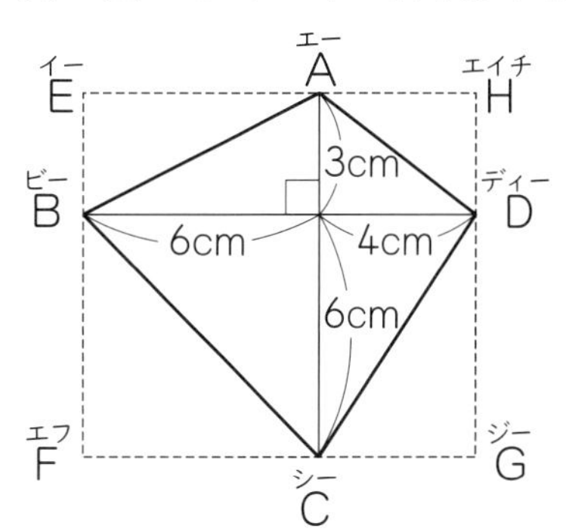

四角形ABCDは、長方形EFGHのちょうど半分の大きさになっていますね。

(　　　　)

教科書 下60～63ページ

月　日

14 図形の面積

⑤ 面積の求め方のくふう

[四角形や五角形の面積は、いくつかの三角形や四角形に分けて求めます。]

1 次の四角形の面積を求めましょう。 教 下64ページ1　全部できて20点

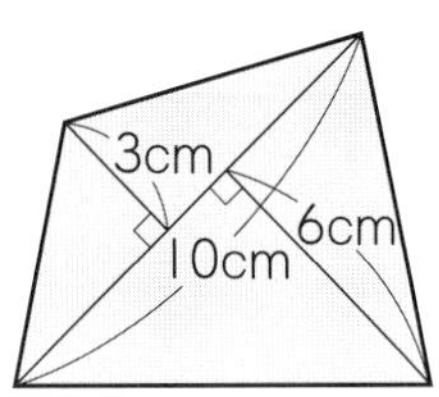

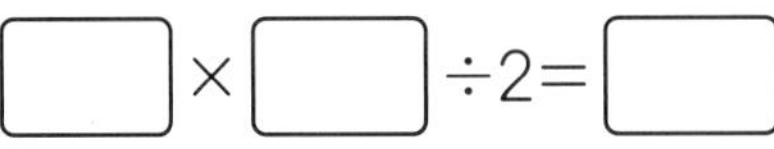

□ × □ ÷2＝□

□ × □ ÷2＝□

□ ＋ □ ＝ □

(　　　　)

ミスに注意！

2 右の五角形の面積を求めましょう。 教 下64ページ1　15点

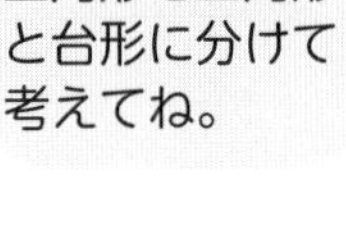

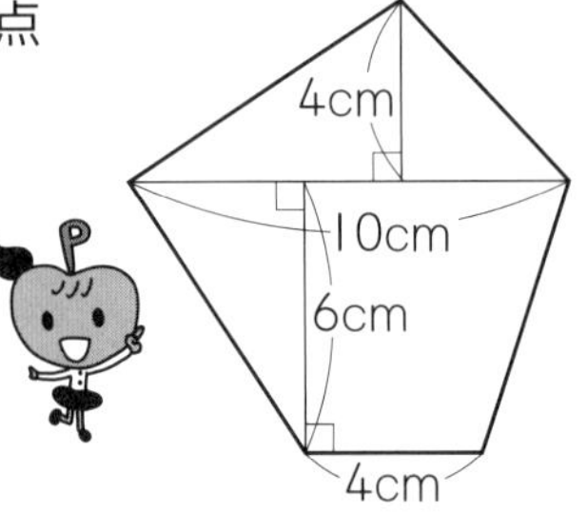

(　　　　)

3 右の図形の□の部分の面積を求めましょう。 教 下65ページ2、3　25点

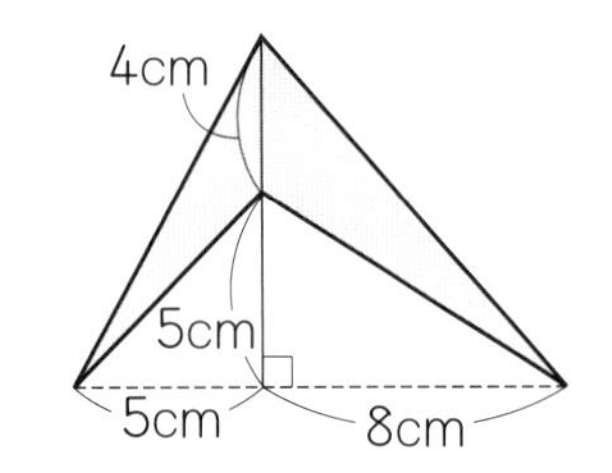

(　　　　)

4 右の図のように、三角形の高さを1cmずつ高くしていきます。このとき、次の問いに答えましょう。

教 下65ページ4　40点(①全部できて20、②・③1つ10)

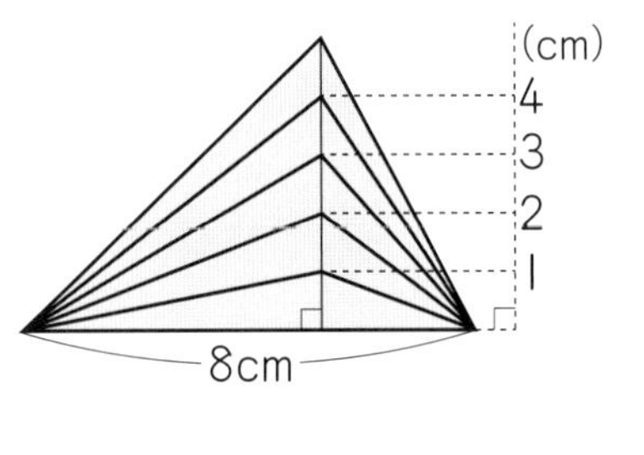

① 次の表の面積のらんにあてはまる数を書きましょう。

高さ(cm)	1	2	3	4	5	6	7
面積(cm^2)	4						

② 高さを□cm、面積を○cm^2として、面積を求める式をできるだけかんたんな式で書きましょう。

(　　　　)

③ 三角形の面積が40cm^2になるのは、高さが何cmのときですか。

(　　　　)

14 図形の面積

サクッとこたえあわせ 答え 92ページ

1 次の図形の面積を求めましょう。 60点(1つ15)

①

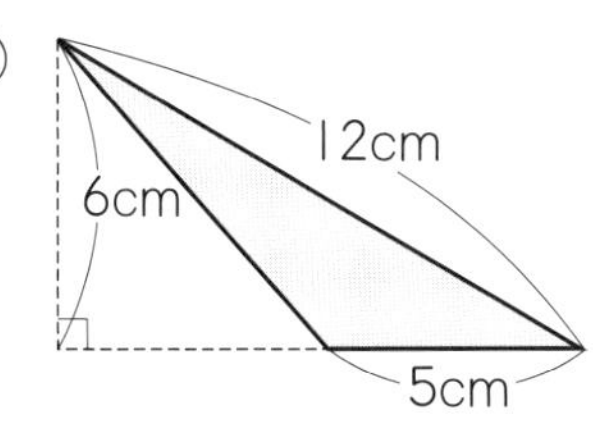

(　　　　　)

②

10cm
13cm
4cm
12cm

(　　　　　)

③ 平行四辺形

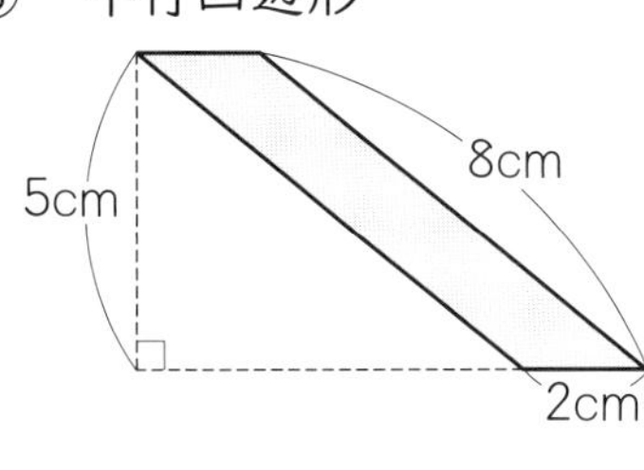

(　　　　　)

④ 台形

7cm
6cm
10cm

(　　　　　)

2 面積が $54cm^2$ で、高さが 6cm の平行四辺形を作ります。底辺を何 cm にしたらよいですか。 10点

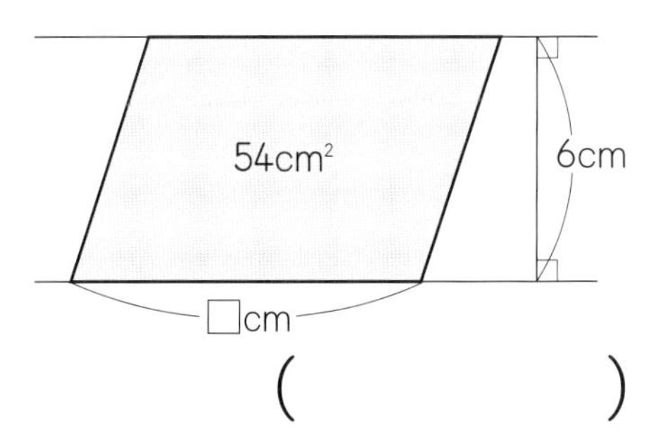

(　　　　　)

よく読んで!

3 右の図のように、底辺が 2cm、高さが 6cm の平行四辺形があります。この平行四辺形の高さを変えずに、底辺を 2cm ずつ長くしていきます。 30点(1つ10)

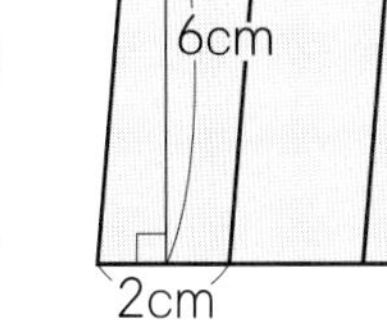

① 底辺を 4cm にしたときの面積を求めましょう。

(　　　　　)

② 底辺が 3 倍になると、面積は何倍になりますか。

③ 面積が $72cm^2$ になるのは、底辺が何 cm のときですか。

時間 15分 合格 80点 /100

月　日

15　正多角形と円

①　正多角形

[正多角形は、円を利用し、円の中心のまわりの角を等分してかきます。]

1 次の図は、半径が 3cm の円です。・は円の中心です。これを利用して正多角形をかきます。 教下75ページ3、1 50点

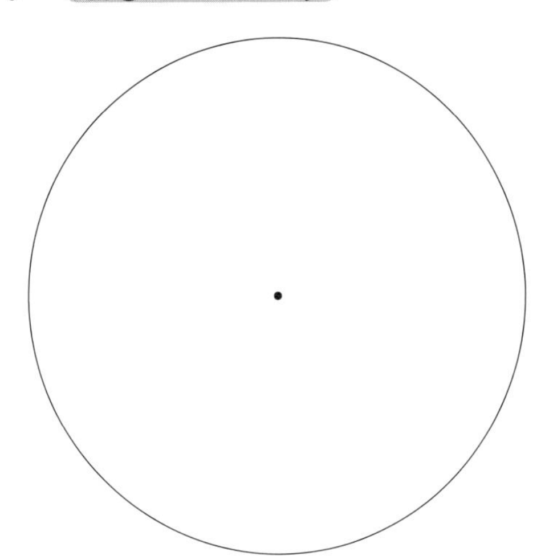

① 上の図に、円の中心のまわりの角を 6 等分する直線をひきましょう。 20点

② 上の図に、① でひいた直線と円の交わっている点を結んで、正多角形をつくりましょう。 20点

③ ② で作った正多角形の名前を書きましょう。 10点

(　　　　　　)

[どの辺の長さも等しく、どの角の大きさも等しい多角形を正多角形といいます。]

2 次の表は、正多角形についてまとめたものです。表の㋐～㋙に、あてはまる数を書きましょう。 教下76ページ2 50点(1つ5)

	正三角形	正四角形 (正方形)	正五角形	正六角形	正八角形
辺の数	3	4	㋐	㋑	㋒
角の数	3	4	㋓	㋔	㋕
角の大きさ	60°	㋖	㋗	㋘	㋙

合格 80点 ／100

月　日

答え 93ページ

15　正多角形と円

②　円の直径と円周

[円周率(えんしゅうりつ)＝円周÷直径　円周率は、ふつう 3.14 を使います。]

1 次の円周の長さを求めましょう。　教下81ページ3、1

50点(1つ10、①・②は全部できて1つ10)

① 直径 6cm の円。

直径 6 × 円周率 3.14 ＝ 円周 □

(　　　　)

② 半径 4m の円。

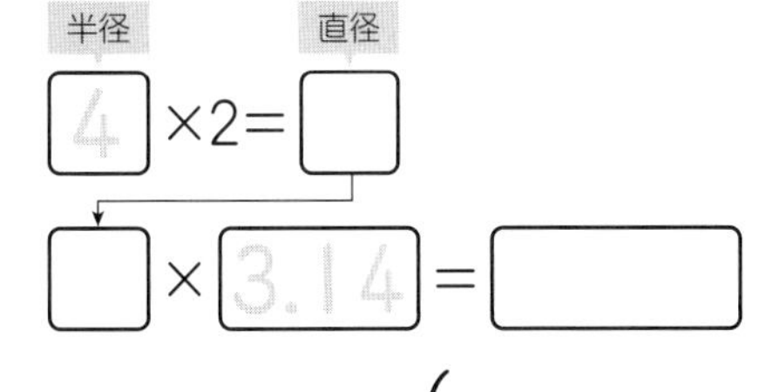

(　　　　)

③ 直径 25cm の円。

(　　　　)

④ 半径 15cm の円。

(　　　　)

⑤ 直径 12m の円。

(　　　　)

円周＝直径×3.14
だね。

2 円周の長さが次のような円の直径の長さを求めましょう。　教下81ページ3、82ページ4

40点(1つ10、①は全部できて1つ10)

① 21.98cm

□×3.14＝21.98
直径

□＝21.98÷3.14

□＝□　(　　　　)

② 15.7cm

(　　　　)

③ 94.2cm

(　　　　)

④ 50.24cm

(　　　　)

⚠ミスに注意！

3 円の形をしたプールのまわりの長さをはかったら、53m ありました。このプールの直径の長さを、小数第一位を四捨五入(ししゃごにゅう)して整数で求めましょう。　教下82ページ5

10点(式5・答え5)

式

答え (　　　　)

時間 15分　合格 80点　/100　月　日

答え 93ページ　サクッとこたえあわせ

図形の角／単位量あたりの大きさ (2)
分数のたし算とひき算

1 □にあてはまる数を、計算で求めましょう。　60点(1つ10)

①
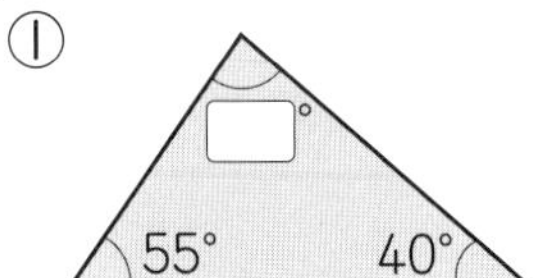

②
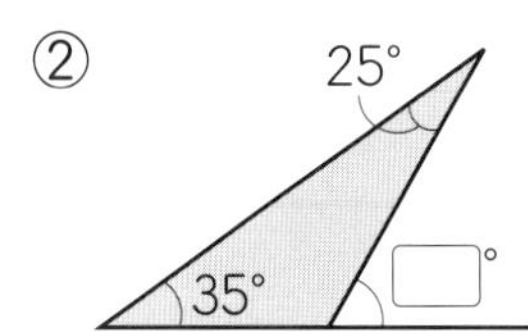

③
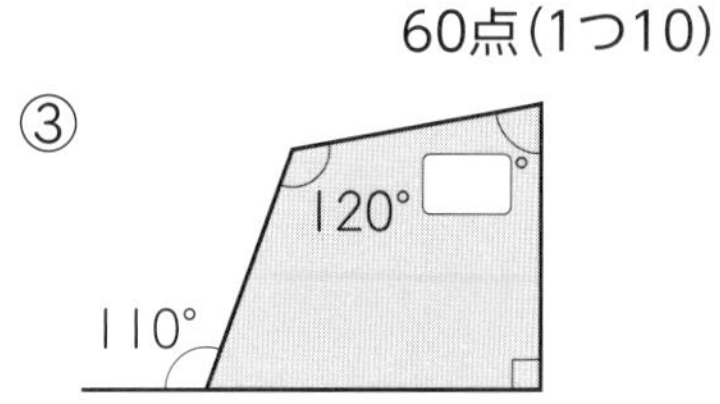

(　　　　)　(　　　　)　(　　　　)

④

100°　70°　80°

⑤ 平行四辺形
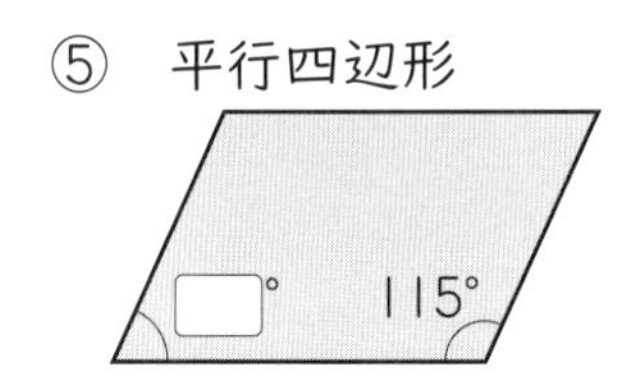

⑥
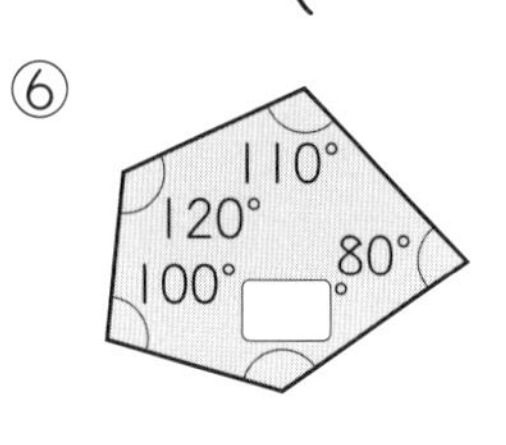

(　　　　)　(　　　　)　(　　　　)

2 あゆみさんは、4 分間で 300m 歩きます。　20点(式5・答え5)

① あゆみさんの歩く速さは、分速何 m ですか。

式

答え (　　　　)

② 7 分間では、何 m 進みますか。

式

答え (　　　　)

ミスに注意！

3 次の組の分数を通分して、□に不等号を書きましょう。　20点(1つ10)

① $\frac{1}{2}$ □ $\frac{1}{3}$　　② $\frac{5}{9}$ □ $\frac{7}{12}$

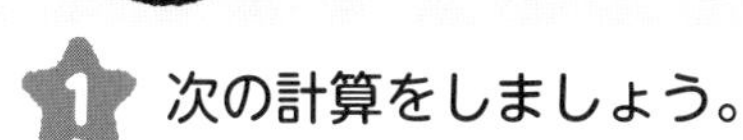

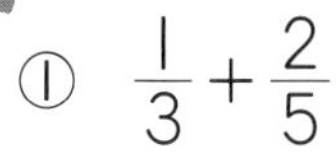

時間 15分　合格 80点　／100

月　日

答え 93ページ

61 分数のたし算とひき算／割合（わりあい）(1) 図形の面積／正多角形と円

1 次の計算をしましょう。　30点(1つ5)

① $\frac{1}{3}+\frac{2}{5}$　② $\frac{5}{8}+\frac{7}{12}$　③ $2\frac{2}{3}+\frac{5}{6}$

④ $\frac{5}{7}-\frac{2}{3}$　⑤ $\frac{5}{6}-\frac{3}{4}$　⑥ $3\frac{2}{5}-\frac{2}{3}$

2 ある日の電車とバスの定員と乗客数を調べて、表にまとめました。どちらがこんでいますか。　10点

（　　　）

電車とバスの定員と乗客数

	定員(人)	乗客数(人)
電車	120	78
バス	50	34

3 次の図形の面積を求めましょう。　30点(1つ10)

①
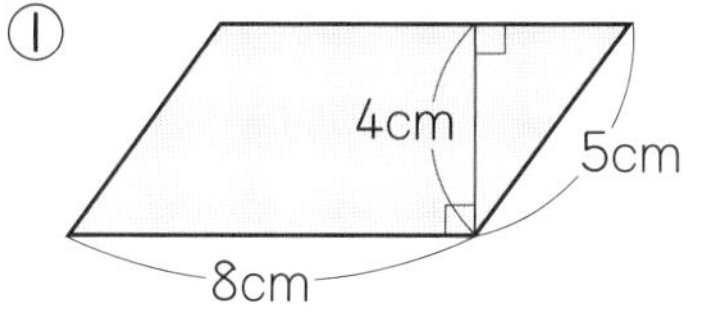

②
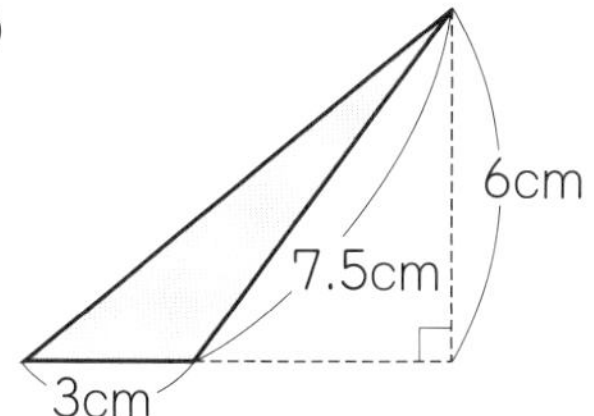

③
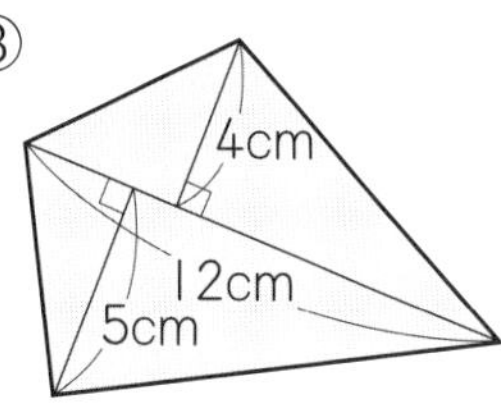

（　　　）　（　　　）　（　　　）

4 次の長さを求めましょう。　30点(式10・答え5)

① 直径 7cm の円の円周

式

答え（　　　）

② 円周 94.2cm の円の直径

式

答え（　　　）

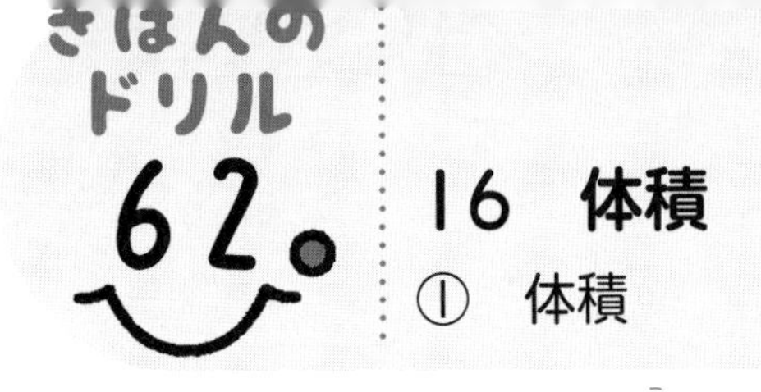

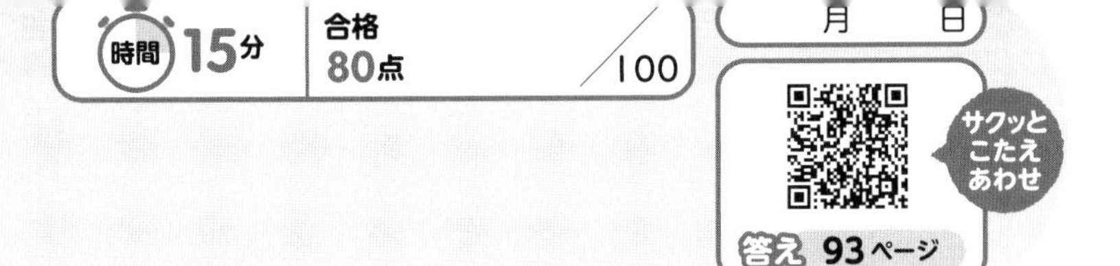

サクッとこたえあわせ

答え 93ページ

16 体積

① 体積

[体積は、1cm³の立方体が何個(こ)あるかを考えて求めます。]

1 次の立方体や直方体は、1辺が1cmの立方体の積み木何個分の大きさでしょうか。

教 下92ページ1 30点(1つ10)

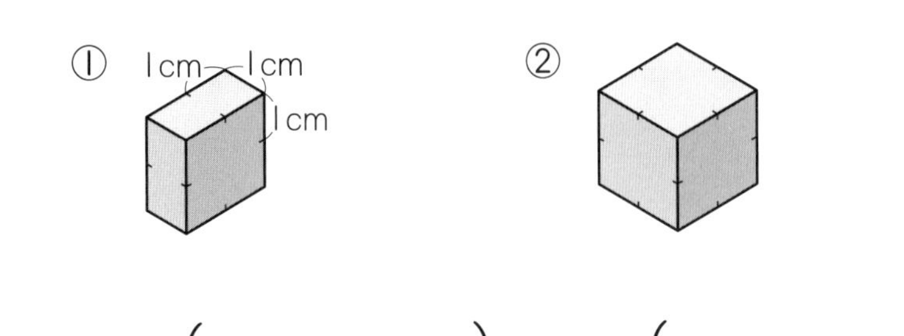

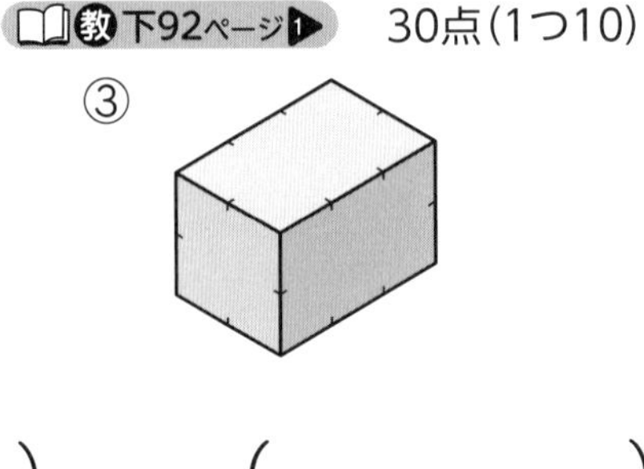

①(　　　　)　②(　　　　)　③(　　　　)

2 下の立体ⓐとⓘは、同じ大きさの立方体の積み木を6個使って作ったものです。立体ⓐと立体ⓘの体積は、同じですか。ちがいますか。

教 下91～92ページ1 10点

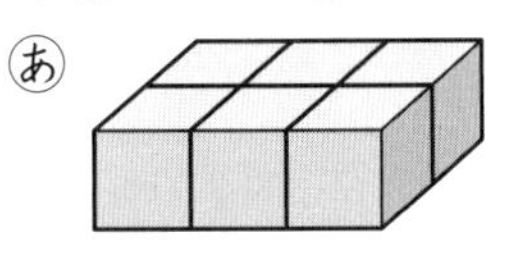

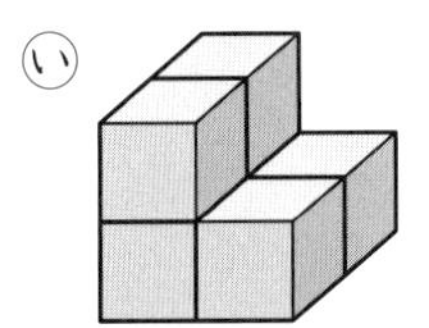

(　　　　)

3 次の直方体や立方体の体積を求めましょう。

教 下92ページ1 60点(1つ15)

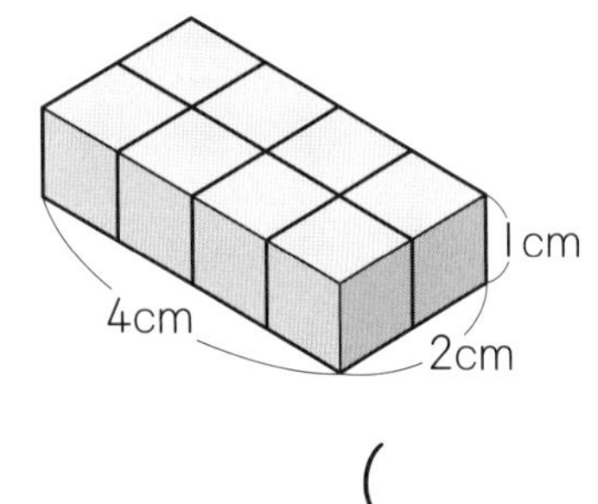

(　　　　)

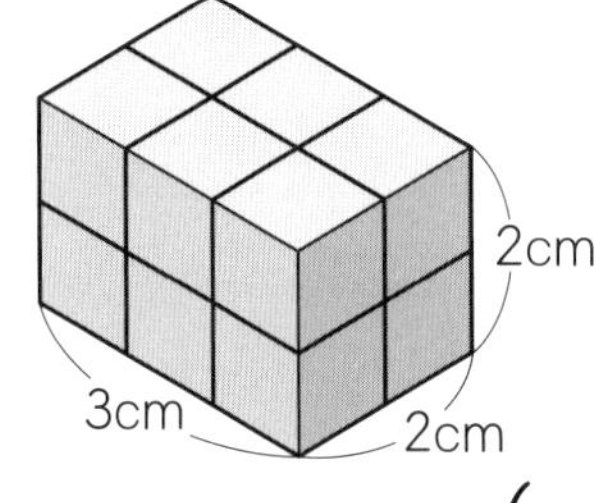

(　　　　)

③

3cm

2cm

4cm

(　　　　)

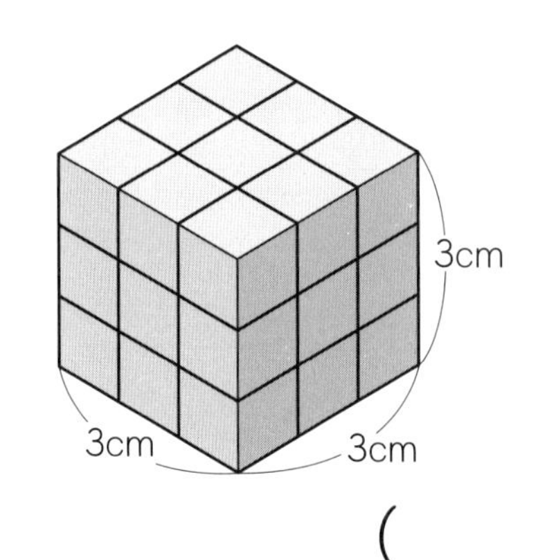

(　　　　)

16 体積

② 体積の公式 ……(1)

[直方体の体積は、公式を使って求めることができます。]

1 右の直方体の体積の求め方を考えます。 教 下93ページ 1

60点(1つ15、④は全部できて15)

① 1だんに、$1cm^3$の立方体は、何個ありますか。

(　　　　)

② $1cm^3$の立方体は、全部で何個ありますか。

(　　　　)

③ 直方体の体積は、何cm^3ですか。

(　　　　)

④ 直方体の体積は、次の公式で求められます。□にあてはまることばを書きましょう。

直方体の体積＝□×□×□

2 右の立方体の体積を求めましょう。 教 下93ページ 1▶

40点(1つ10、①・④は全部できて10)

① 次の□にあてはまる数を書きましょう。

たて4cm、横4cm、高さ4cmの立方体は、1辺が1cmの立方体を、たてに□個、横に□個ならべて、それを□だん積んだものと同じです。

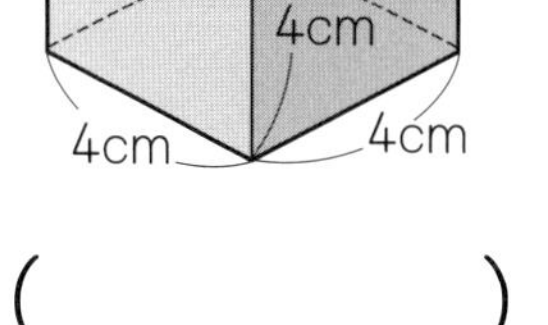

② $1cm^3$の立方体が、全部で何個ありますか。

(　　　　)

③ 立方体の体積は、何cm^3ですか。

(　　　　)

④ 立方体の体積は、たての長さと横の長さと高さが等しいので、次の公式で求められます。□にあてはまることばを書きましょう。

立方体の体積＝□×□×□

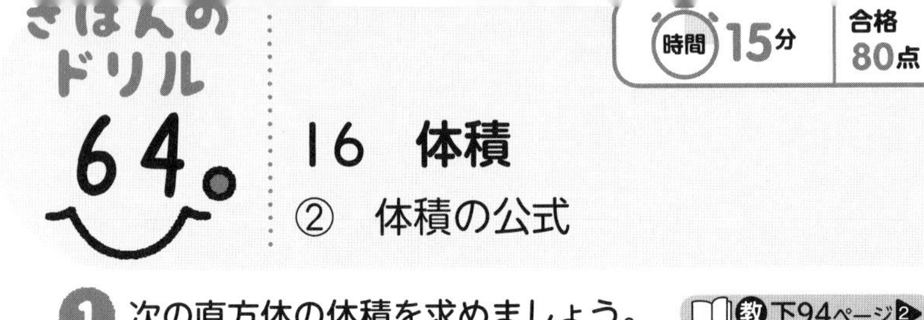

1 次の直方体の体積を求めましょう。 教 下94ページ2 40点(式10・答え10)

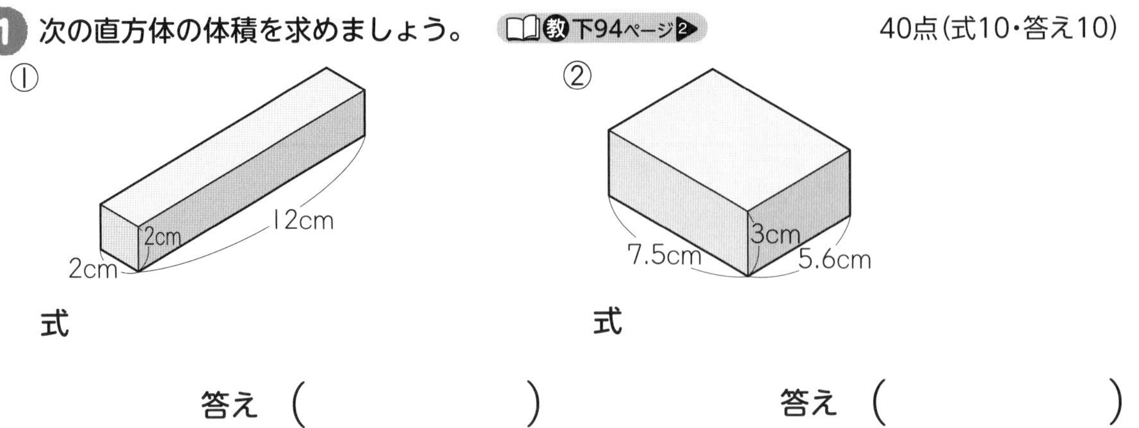

式

答え (　　　　)

式

答え (　　　　)

[展開図(てんかいず)を組み立ててできる直方体や立方体の体積は、体積の公式を使って求めます。]

ミスに注意!

2 次の展開図を組み立ててできる直方体や立方体の体積を求めましょう。

教 下94ページ3 40点(式10・答え10)

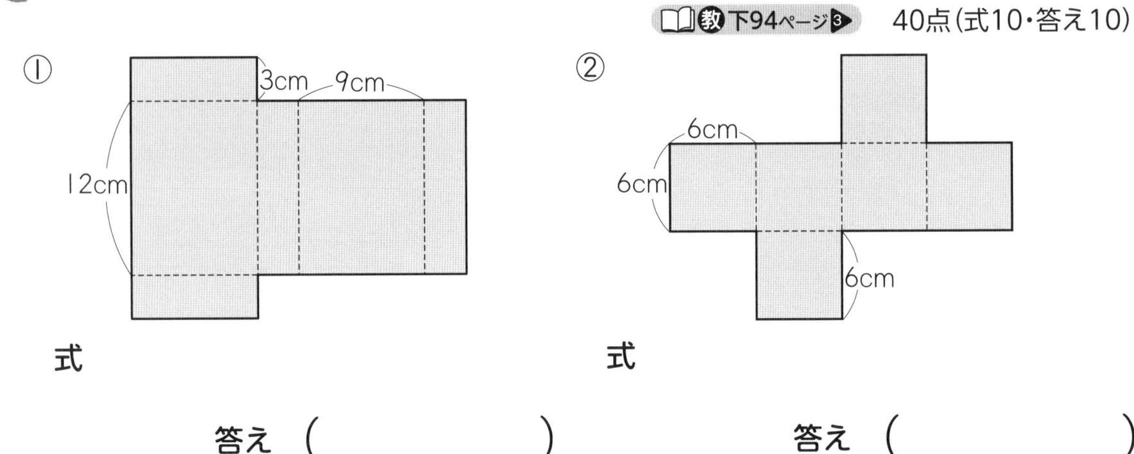

式

答え (　　　　)

式

答え (　　　　)

[一方が2倍、3倍、…になると、もう一方も2倍、3倍、…になる関係を比例(ひれい)といいます。]

3 右の図のように、たて4cm、横6cmの直方体の高さを1cm、2cm、……と変えていきます。 教 下95ページ2

20点(①全部できて10、②10)

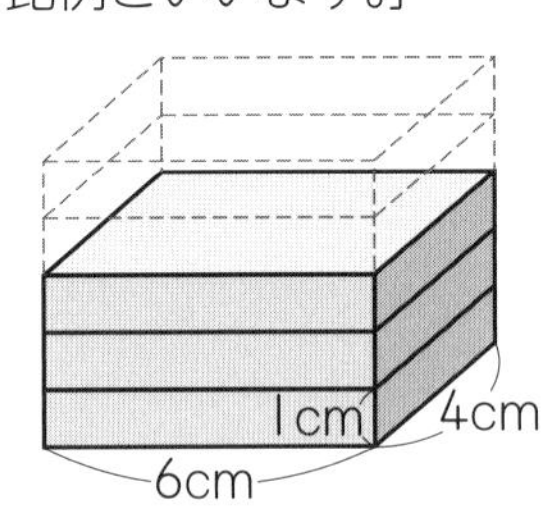

① 次の表の体積のらんにあてはまる数をかきましょう。

高さ(cm)	1	2	3	4	5	
体積(cm^3)	24					

② 直方体の体積は、高さに比例しますか。 (　　　　)

時間 15分 合格 80点 /100

月 日

16 体積

③ 大きな体積

[長さの単位が、m と cm のときは、どちらかにそろえて公式にあてはめます。]

1 次の問いに答えましょう。 教 下96ページ1 40点(1つ10)

① 1辺が 1m の立方体と同じ体積を何といいますか。

(1立方メートル)

② 右の立方体の体積を書きましょう。

( )

③ 右の直方体には、$1m^3$ の立方体が全部で何個ありますか。

( )

④ 右の直方体の体積は、何 m^3 ですか。

( )

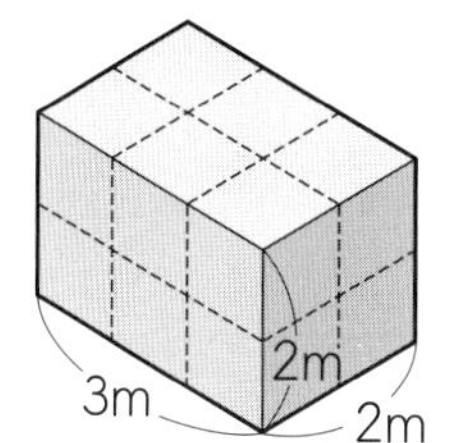

2 □にあてはまる数をかいて、$1m^3$ は何 cm^3 になるかを考えましょう。

教 下96ページ1 20点(□1つ5)

1m×1m×1m=100cm×□cm×□cm=□cm^3

$1m^3$=□cm^3 になります。

3 右の図のような直方体の体積を求めましょう。 教 下97ページ2、3

40点(□と式全部できて10・答え10)

① 体積は、何 m^3 ですか。

80cm=[0.8]m だから、

式

答え ( )

② 体積は、何 cm^3 ですか。

2m=□cm、5m=□cm だから、

式

答え ( )

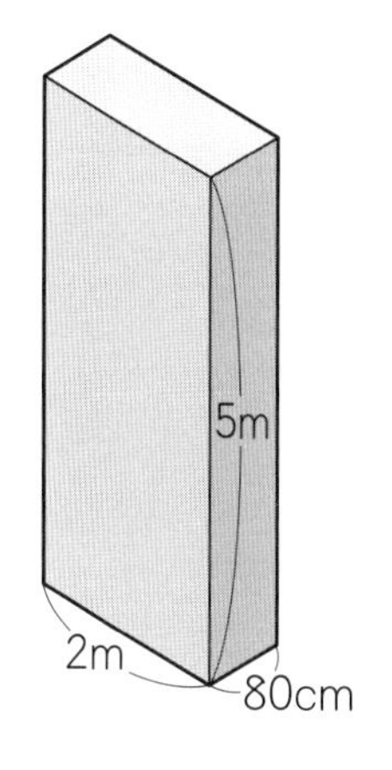

時間 15分　合格 80点　／100

月　日

16 体積

④ いろいろな形の体積

[直方体や立方体でない立体の体積は、直方体や立方体になるくふうをして求めます。]

1 右の図のような台の形の体積を求めましょう。

教 下98〜99ページ 1　40点(式10・答え10)

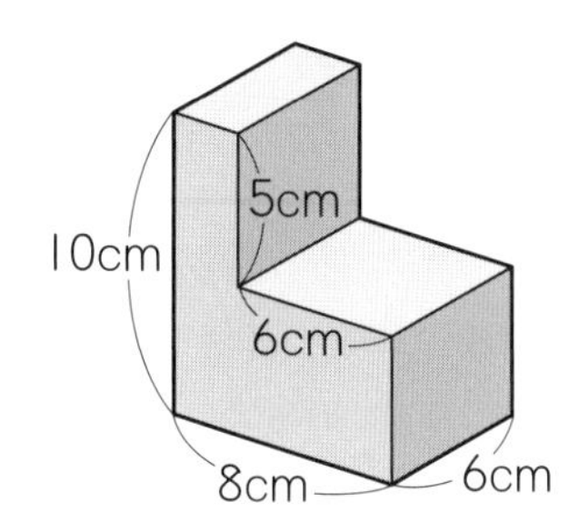

① 2つの直方体に分けて求めます。

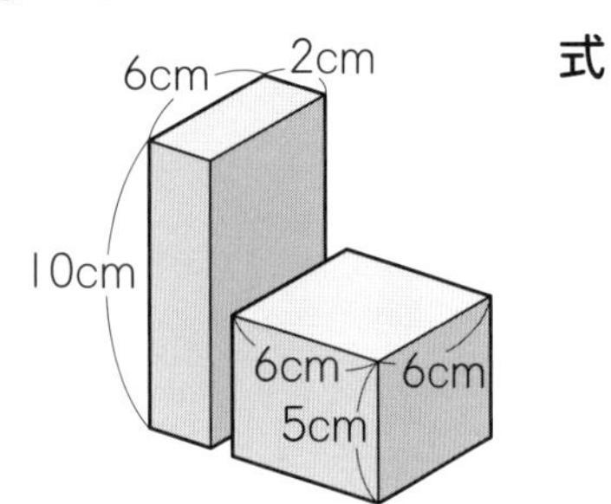

式

答え (　　　　　)

② 同じ台を2つ合わせると直方体になることを使って求めます。

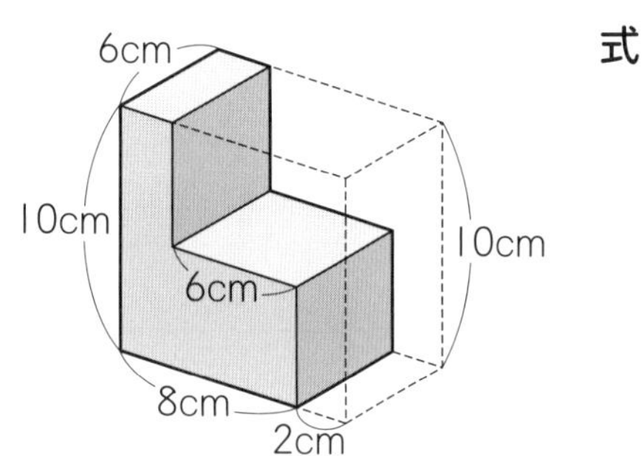

式

答え (　　　　　)

ミスに注意!

2 次の図のような形の体積を求めましょう。　教 下99ページ 1　60点(式15・答え15)

①

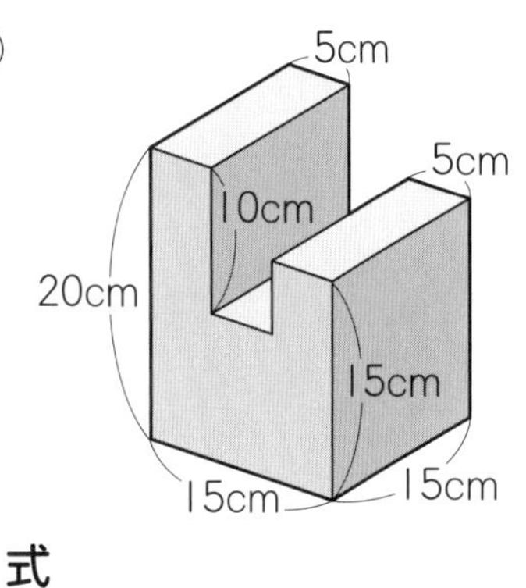

②

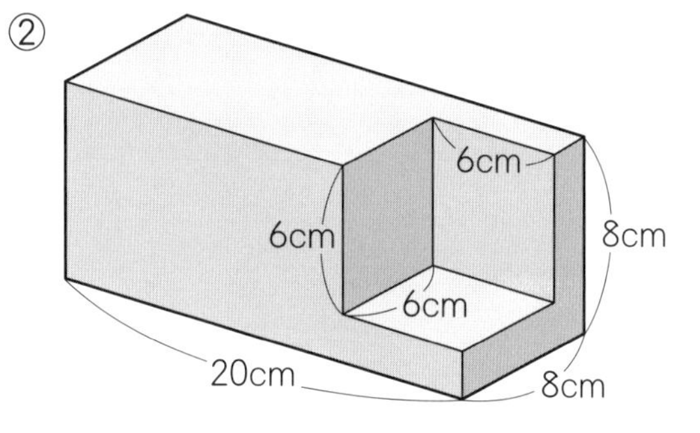

式

答え (　　　　　)

式

答え (　　　　　)

合格 80点 ／100

月　日

サクッとこたえあわせ 答え 94ページ

16 体積

⑤ 体積の単位／⑥ 容積（ようせき）

1 次の□にあてはまる数を答えましょう。 教 下100ページ1 20点(1つ5)

① 1mL＝□cm^3　② 1L＝□cm^3

③ 1000L＝□m^3　④ 1kL＝□L

2 次の□にあてはまる数を書きましょう。 教 下101ページ▶ 30点(□1つ10)

1辺の長さが10倍になると、面積は□倍、体積は□倍になります。

1kLは、1Lの□倍になります。

[容積は、内のりの長さを用いて、体積と同じように求めます。]

3 厚（あつ）さ1cmの板で作った、右の図のような直方体の形をした入れ物があります。問題に答えましょう。 教 下102ページ1、▶ 50点

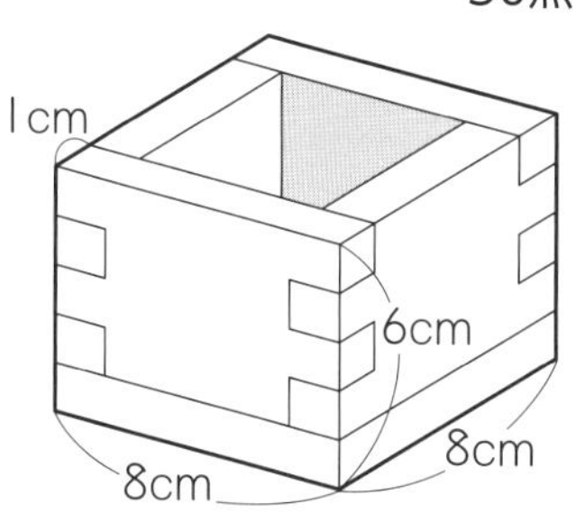

① 入れ物の内のりのたての長さ、横の長さ、深さは、それぞれ何cmですか。 15点(1つ5)

たての長さ(　　　)

横の長さ(　　　)

深さ(　　　)

② 入れ物の容積は、何cm^3ですか。 35点(式20・答え15)

式

答え(　　　)

時間 15分　合格 80点　／100　月　日

答え 94ページ　サクッとこたえあわせ

17 割合(わりあい)(2)

① 2つの量の割合

[2つの量を比(くら)べるときは、割合を使って表すことができます。]

よく読んで！

1 ゆき子さんのクラスは、男子が15人、女子が12人です。　教 下109ページ 1

40点(式10・答え10)

① 女子の人数をもとにしたときの、男子の人数の割合を求めましょう。

式

答え（　　　　　）

② 男子の人数をもとにしたときの、女子の人数の割合を求めましょう。

式

答え（　　　　　）

2 ただしさんの学校の校庭に4mの高さの木があります。校しゃの高さは25mです。　教 下109ページ 1　30点(式10・答え5)

① 校しゃの高さをもとにしたときの、木の高さの割合を求めましょう。

式

答え（　　　　　）

② 木の高さをもとにしたときの、校しゃの高さの割合を求めましょう。

式

答え（　　　　　）

3 右の表は、たかしさんとまことさんの4年生のときの体重と5年生のときの体重をまとめたものです。　教 下110ページ ▶　30点(式10・答え5)

体重　(kg)

	4年生	5年生
たかし	28	35
まこと	35	42

① たかしさんの4年生のときの体重をもとにしたときの、5年生のときの体重の割合を求めましょう。

式

答え（　　　　　）

② まことさんの4年生のときの体重をもとにしたときの、5年生のときの体重の割合を求めましょう。

式

答え（　　　　　）

時間 15分　合格 80点　／100　月　日

17　割合(2)

②　割合を使った問題　……(1)

サクッとこたえあわせ　答え 94ページ

[比べられる量＝もとにする量×割合]

1 さとうが500gあります。クッキーを作るのに、全体の30%を使います。さとうは何g使いますか。　教 下111ページ1　20点(式全部できて10・答え10)

式　500 × 0.3 ＝ □

全体の量　　使う量

もとにする量　割合　比べられる量

30%を小数になおすと、0.3ですね。

答え（　　　　）

2 えみ子さんの小学校で、5年生125人のうち、虫歯のない人は24%です。虫歯のない人は何人いますか。　教 下111ページ1　20点(式10・答え10)

式

答え（　　　　）

ミスに注意！

3 定員50人のバスがあります。定員の110%の人が乗っていました。乗っていた人は何人ですか。　教 下111ページ▶　20点(式10・答え10)

式

答え（　　　　）

4 定価2500円の洋服を20%引きで買いました。洋服を何円で買いましたか。　教 下112ページ2　20点(式全部できて10・答え10)

式　2500 ×(1－0.2)＝ 2500 × □

＝ □

定価の20%引きだから、定価の80%で買ったよ。

答え（　　　　）

5 これまで400g入りだったマヨネーズが、20%増量して売られています。いま売っているマヨネーズは何g入りですか。　教 下112ページ▶　20点(式10・答え10)

式

答え（　　　　）

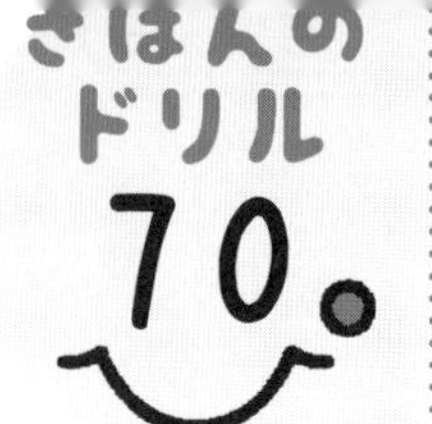

17 割合(わりあい)(2)

② 割合を使った問題 ……(2)

[もとにする量＝比(くら)べられる量÷割合]

1 花だんにチューリップの球根を植えました。植えた部分の面積は 12m² で、これは花だん全体の面積の 40%にあたります。花だん全体の面積は、何 m² ですか。

教 下113ページ3　20点(式全部できて10・答え10)

式 花だん全体の面積を□ m² とすると、

□ × 0.4 ＝ 12

もとにする量　割合　比べられる量

□を求める式は、

[12]÷[0.4]＝[　　]

答え（　　　　）

2 さとみさんは、390 円の本を買いました。これは、さとみさんが持っていたお金の 26%にあたるそうです。さとみさんは、いくらお金を持っていましたか。

教 下113ページ3　25点(式15・答え10)

式

答え（　　　　）

3 今のおこづかいは 1000 円です。これは、もとのおこづかいの 125%にあたります。もとのおこづかいは何円ですか。　教 下113ページ1　25点(式15・答え10)

式

答え（　　　　）

よく読んで！

4 定価(ていか) 780 円のふでばこを、A店では 100 円安くして売り、B店では 15%引きで売っています。どちらの店が、何円安いですか。　教 下114ページ4

30点(式20・答え10)

式

答え（　　　　）

合格 80点 ／100

月　日

サクッとこたえあわせ

答え 95ページ

18 いろいろなグラフ

① 円グラフ／② 帯グラフ

[全体を１つの円の形に表したグラフを、円グラフといいます。]

1 右のグラフは、学校の前を通った車 50 台について、種類ごとの台数の割合を表したものです。 教 下120ページ1　50点(1つ10)

① 乗用車の台数の割合は、全体の何％ですか。

(　　　　　)

② トラックの台数の割合は、全体の何％ですか。

(　　　　　)

③ オートバイの台数の割合は、全体の何％ですか。

(　　　　　)

④ その他は、全体の何％ですか。また、全体の約何分の一ですか。

(　　　　　)、約(　　　　　)分の一

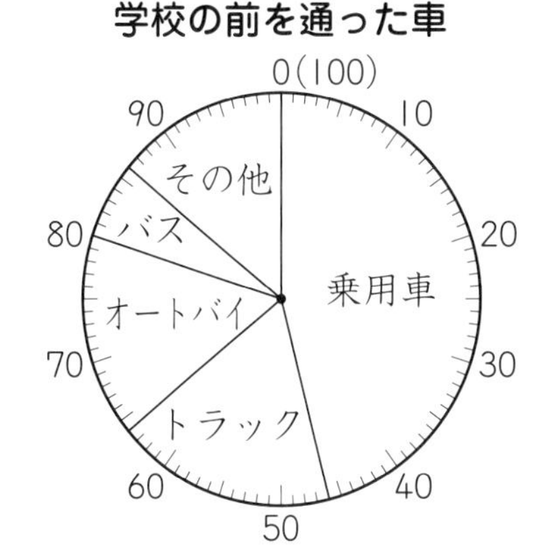

[全体に対するそれぞれの部分の割合を長方形の面積の大小で表したグラフを、帯グラフといいます。]

2 下のグラフは、ひとみさんの学校の５年生 200 人全員の好きなスポーツを調べたものです。 教 下122～123ページ1　50点(1つ10)

好きなスポーツ

0　10　20　30　40　50　60　70　80　90　100(%)

サッカー	水　泳	野　球	バスケットボール	その他

① サッカーが好きな人の割合は、全体の何％ですか。

(　　　　　)

② 水泳が好きな人の割合は、全体の何％ですか。

(　　　　　)

③ 野球が好きな人は何人ですか。

(　　　　　)

④ その他は、全体の何％ですか。また、全体の約何分の一ですか。

(　　　　　)、約(　　　　　)分の一

教科書 下119～123ページ

合格 80点 /100

月　日

18 いろいろなグラフ

③ 円グラフと帯グラフのかき方

1 右の表は、1週間に図書室から貸し出された本について、種類別のさっ数を表したものです。 教 下124〜125ページ 1　40点

① 全体に対するそれぞれの種類の割合を、小数第三位を四捨五入して求め、百分率で表に書き入れましょう。　30点(1つ6)

貸し出された本調べ

種　類	さっ数(さつ)	百分率(%)
物　語	43	
科　学	15	
社　会	11	
その他	6	
合　計	75	

ミスに注意!

② 円グラフに表しましょう。　10点

真上から右まわりに、大きい順にかこう。

貸し出された本調べ

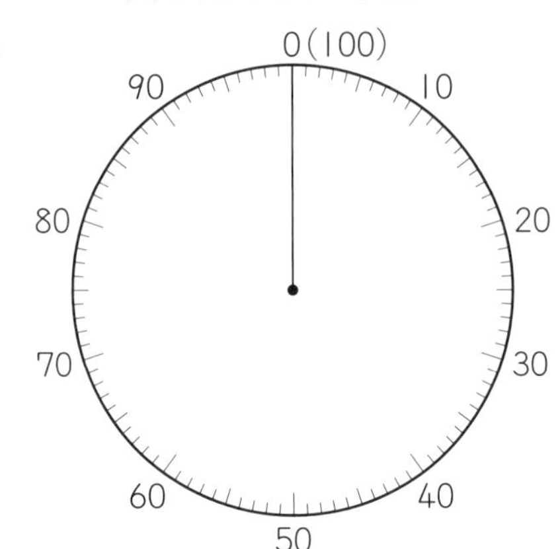

2 右の表は、ひろやさんの学校で、1週間にけがをした人と、そのけがの種類を調べたものです。 教 下124〜125ページ 1　60点(1つ15)

けがの種類別の人数と割合

けがの種類	人数(人)	百分率(%)
切りきず	9	36
すりきず	6	①
打ぼく	5	②
ねんざ	2	③
その他	3	12
合　計	25	100

① すりきずの人数の割合を、百分率で求めましょう。

(　　　　　)

② 打ぼくの人数の割合を、百分率で求めましょう。

(　　　　　)

③ ねんざの人数の割合を、百分率で求めましょう。

(　　　　　)

ミスに注意!

④ けがの種類別の人数の割合を、下の帯グラフに表しましょう。「その他」は割合が大きくても最後にかきます。

けがの種類別の人数の割合

0　10　20　30　40　50　60　70　80　90　100(%)

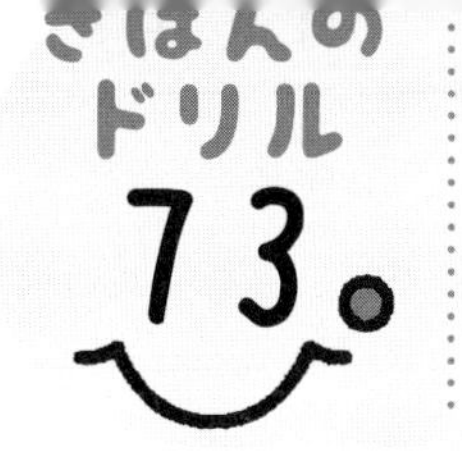

合格 80点　／100

月　日

19　立体
①　角柱(かくちゅう)と円柱(えんちゅう)

[角柱においても、円柱においても、2つの底面(ていめん)は合同な図形です。]

1 次の立体の中から円柱を全部選びましょう。 教下129～130ページ1　全部できて20点

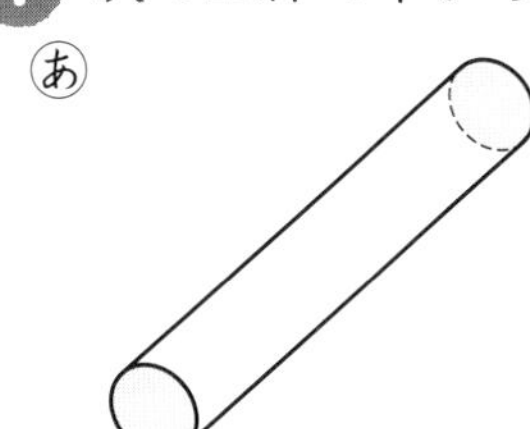

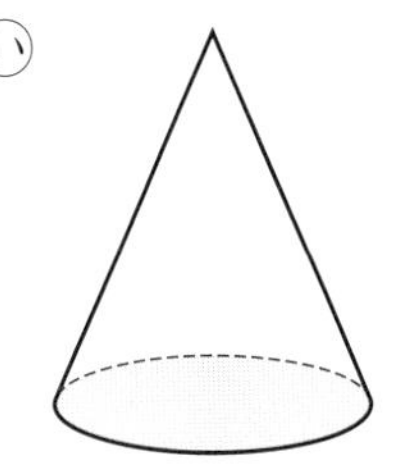

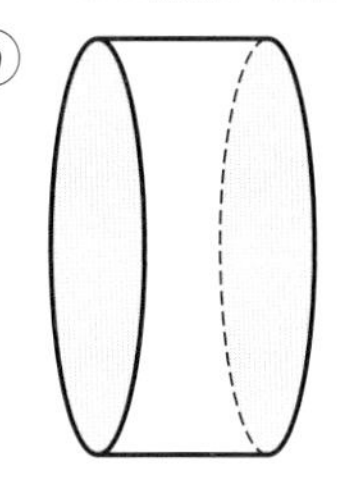

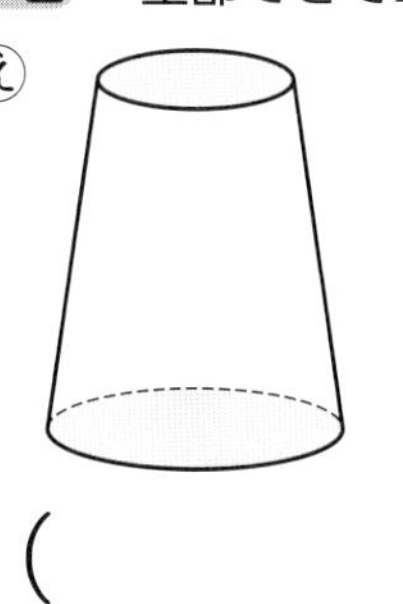

(　　　　　)

2 次の角柱の名前を書きましょう。また、辺の数を書きましょう。

教下131～132ページ▶　30点(1つ5)

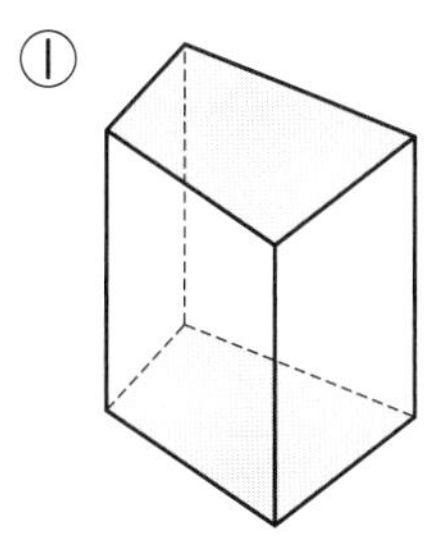
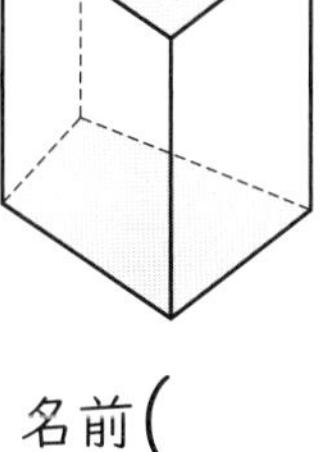
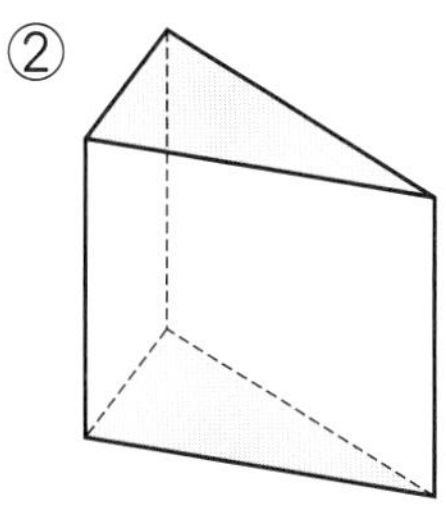

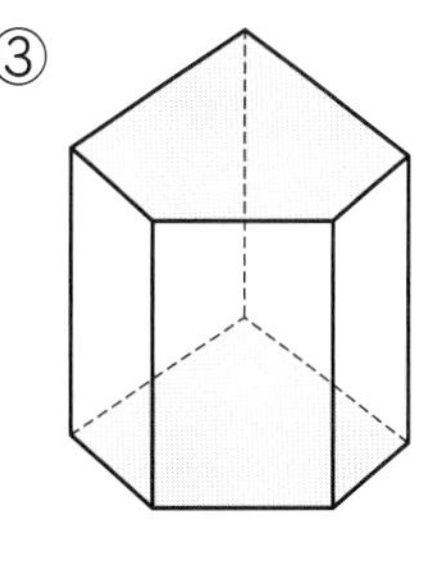

	①	②	③
名前	(　　　)	(　　　)	(　　　)
辺の数	(　　　)	(　　　)	(　　　)

よく読んで！

3 次の(　)にあてはまることばを、下の□の中から選びましょう。

教下132～133ページ3　50点(( )1つ10)

① 円柱の2つの底面は、合同な(　　　　)で、平行です。
また、側面(そくめん)は(　　　　)になっています。

② 角柱の2つの底面は、合同で、(　　　　)です。
また、側面は(　　　　)や正方形になっています。

③ 右の図のAB(エービー)とCD(シーディー)の長さはそれぞれ、角柱と円柱の(　　　　)です。

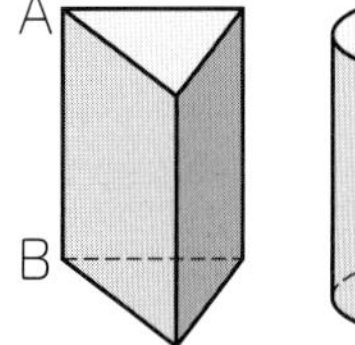

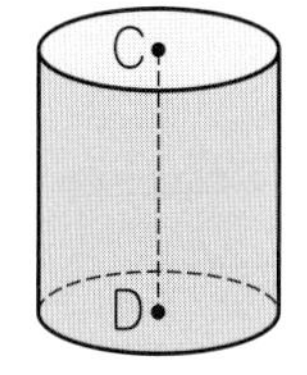

三角形	円	長方形	垂直(すいちょく)	平行	辺	高さ	曲面(きょくめん)

19 立体

② 見取図と展開図（てんかいず） ……(1)

[見取図では、かくれて見えない辺などを点線で表します。]

1 次の図は、ある立体の見取図です。それぞれの立体の名前を書きましょう。

教 下134ページ 1　40点(1つ20)

①

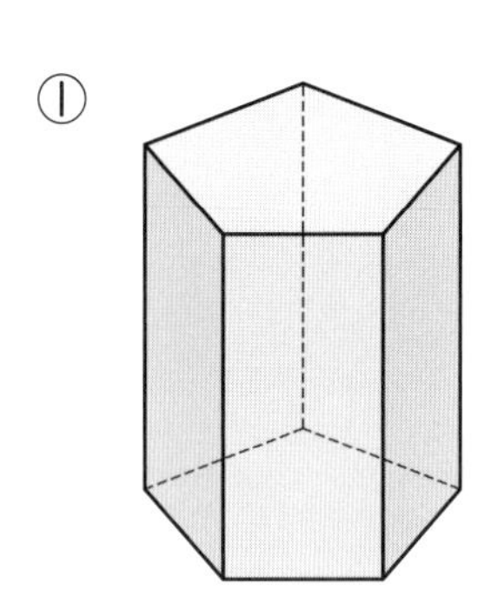

②

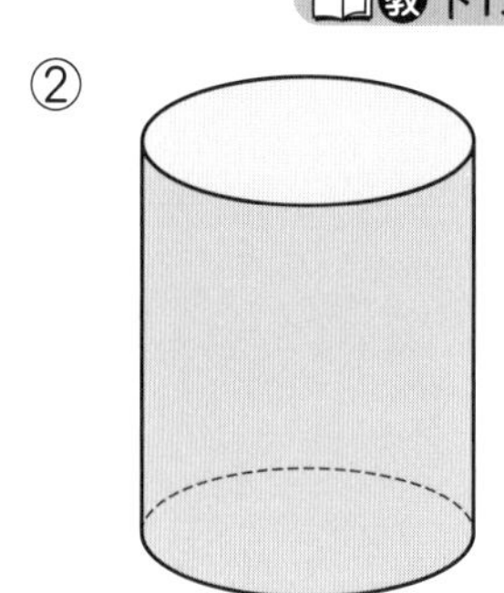

(　　　　　)　　(　　　　　)

ミスに注意！

2 右の図は、しゃ線部分を底面とする立体の見取図をとちゅうまでかいているところです。次の問題に答えましょう。　教 下134ページ 1　60点(1つ15)

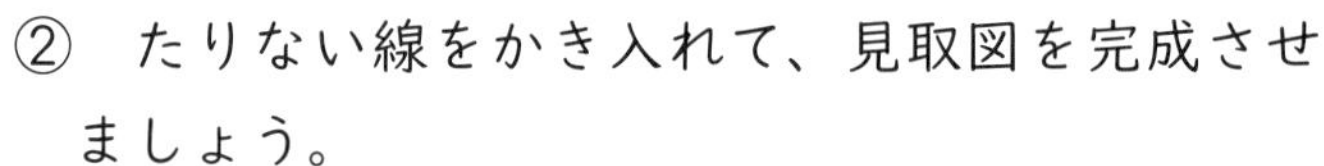

① この立体の名前を書きましょう。

(　　　　　)

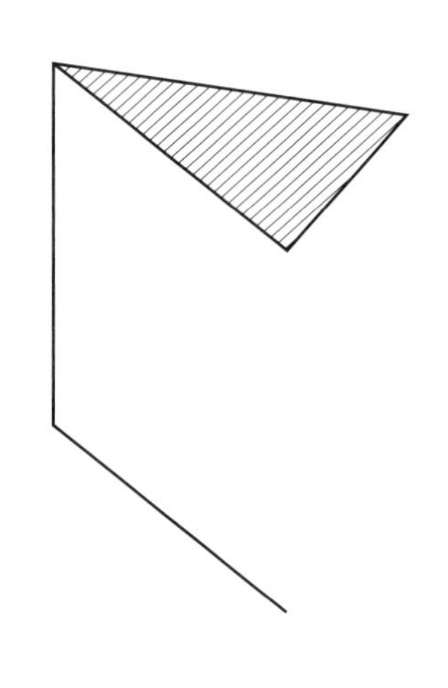

② たりない線をかき入れて、見取図を完成させましょう。

③ この立体に、辺は全部で何本ありますか。

(　　　　　)

④ この立体に、面は全部でいくつありますか。

(　　　　　)

合格 80点 /100

月　日

答え 95ページ

19　立体

②　見取図と展開図（てんかいず）　……(2)

[展開図を組み立てるとき、どの点とどの点が重なるかをつかみます。]

1 次の展開図を組み立ててできる立体の名前を書きましょう。

30点(1つ15)

①

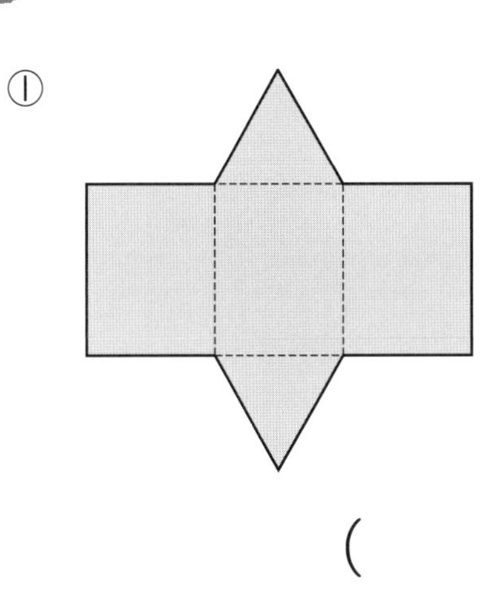

(　　　　　)

②

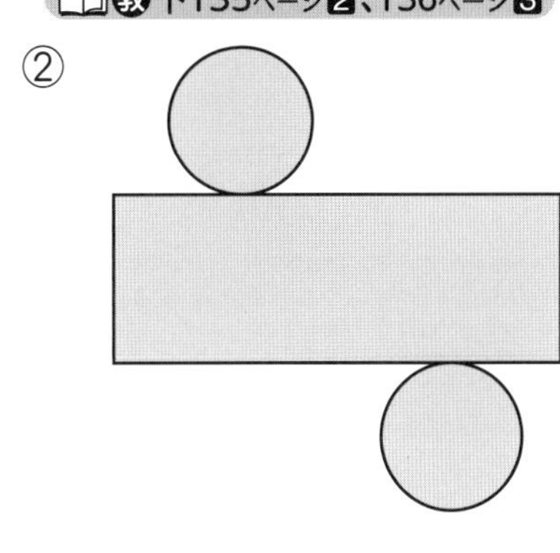

(　　　　　)

2 右の図は、ある立体の展開図です。次の問題に答えましょう。 教 下135ページ 2

70点(1つ14)

① この展開図を組み立ててできる立体の名前を書きましょう。

(　　　　　)

② 側面は、何という四角形が集まっていますか。

(　　　　　)

③ 組み立てたとき、点Aと重なる点はどれですか。

(　　　　　)

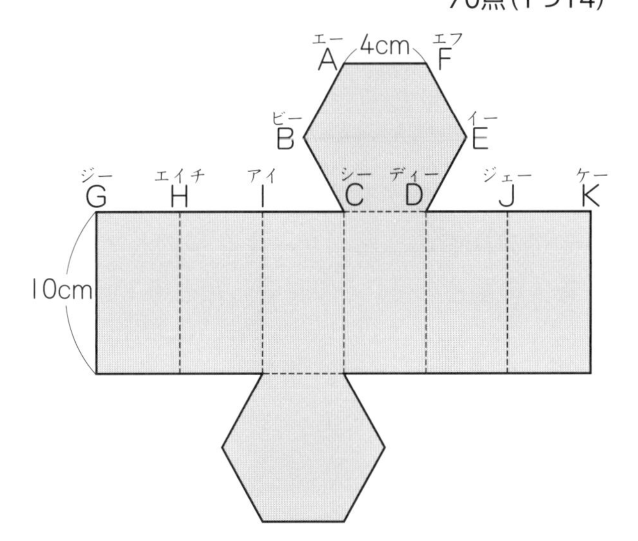

⚠ミスに注意！

④ 組み立てたとき、辺JKと重なる辺はどれですか。

(　　　　　)

⑤ この立体の高さは何cmですか。

(　　　　　)

サクッとこたえあわせ 答え 95ページ

20 データの活用

[グラフから、データの傾向(けいこう)が読み取れます。]

1 右のグラフは、あるケーキ店で１月から９月までに売れたショートケーキの個(こ)数をぼうグラフに、来店者数を折れ線グラフに、それぞれ表したものです。 教 下140〜142ページ

40点(①・②1つ10)

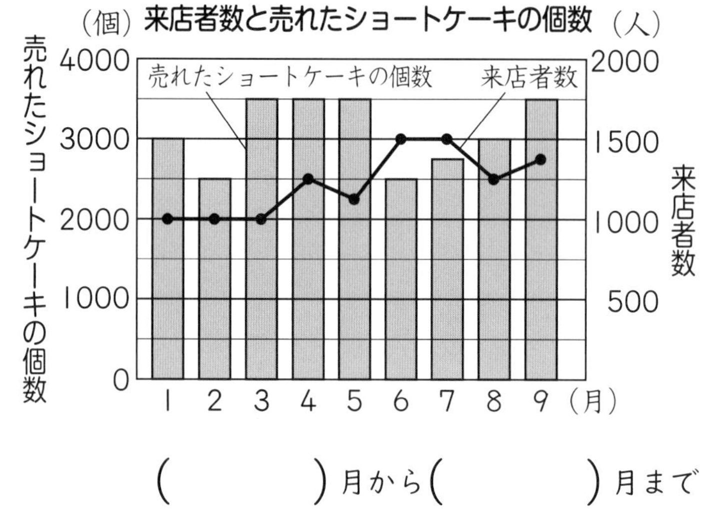

① 来店者数は増(ふ)えたり減(へ)ったりしているのに、売れたショートケーキの個数が変わらない期間は、いつからいつまでですか。

(　　　)月から(　　　)月まで

② 来店者数は変わっていないのに、売れたショートケーキの個数が減っている期間は、いつからいつまでですか。

(　　　)月から(　　　)月まで

また、右のグラフは、６月から９月までの来店者のうち、ケーキを予約していた人の割合(わりあい)を帯グラフに表したものです。

60点(③・④答え10、理由20)

来店者のうち、予約していた人の割合

6月 20%
7月 30%
8月 40%
9月 40%
0 50 100%

③ ６月と７月で、予約して来店した人が多いのはどちらですか。その理由も書きましょう。

答え (　　　)

理由 (　　　)

④ ８月と９月で、予約して来店した人が多いのはどちらですか。その理由も書きましょう。

答え (　　　)

理由 (　　　)

プログラミング

合格 80点 /100

月　日

プログラミングのプ

1 １辺が5cmの正五角形の辺にそってロボットを動かすプログラムをつくりました。□にあてはまる数をかきましょう。 教 下150〜151ページ　45点(□1つ5)

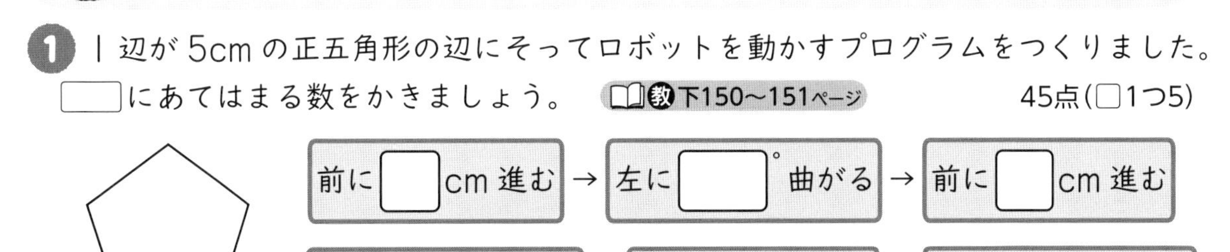

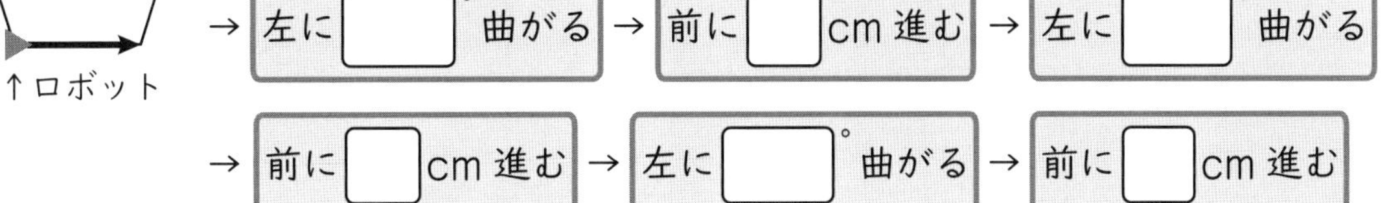

2 ロボットを動かして下のような線をかきます。□にあてはまる数をかいて、プログラムをつくりましょう。 教 下150〜151ページ　35点(□1つ5)

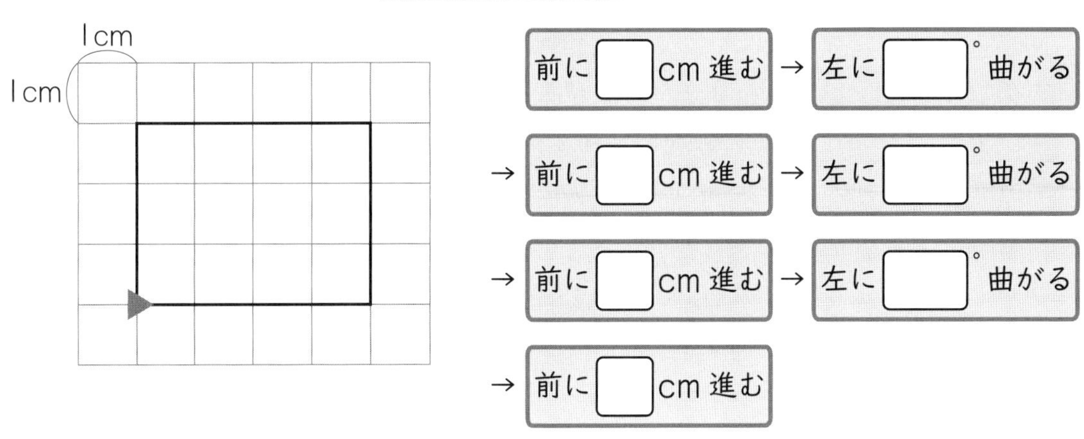

3 ロボットを動かして線をかきます。次のように命令したとき、どんな形になりますか。

教 下150〜151ページ　20点

(　　　　　　　　　　)

教科書 下150〜151ページ

時間 15分　合格 80点　／100

月　日

78. 小数と整数／平均（へいきん）／単位量あたりの大きさ

サクッとこたえあわせ　答え 96ページ

1 30.86 という数について、次の問題に答えましょう。　20点（（　）1つ5）

① 30.86 を 10 倍した数、100 倍した数を書きましょう。

10 倍（　　　　）　100 倍（　　　　）

② 30.86 を $\frac{1}{10}$、$\frac{1}{100}$ にした数を書きましょう。

$\frac{1}{10}$（　　　　）　$\frac{1}{100}$（　　　　）

2 右の表は、まさ子さんが受けた 5 回の算数のテストの結果です。まさ子さんの算数のテストの平均点は何点ですか。　20点（式15・答え5）

まさ子さんの 5 回の算数のテストの結果

1回目	2回目	3回目	4回目	5回目
68 点	84 点	55 点	93 点	75 点

式

答え（　　　　）

3 ガソリン 6L で 72km 走る自動車があります。　30点（式10・答え5）

① ガソリン 1L では、何 km 走れますか。

式

答え（　　　　）

② 180km 走るには、ガソリンは何 L 必要ですか。

式

答え（　　　　）

4 時速 72km で走る自動車と、分速 1.5km で走る電車があります。　30点（式10・答え5）

① 時速 72km は分速何 km ですか。

式

答え（　　　　）

② この電車で 2 時間かかる道のりを自動車で走ると、何時間かかりますか。

式

答え（　　　　）

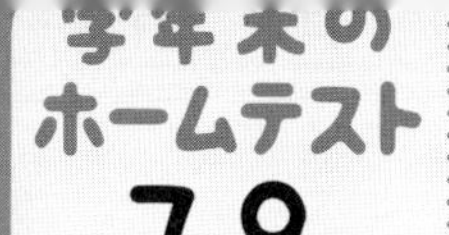

79.

15分　合格 80点　/100

月　日

答え 96ページ

倍数と約数／小数のかけ算
小数のわり算／分数のたし算とひき算

1 ある駅で、1番ホームからは6分おきに、2番ホームからは15分おきに電車が発車しています。午前8時に1番ホームと2番ホームの電車が同時に発車しました。

次に同時に発車するのは、何時何分ですか。 20点

(　　　　　　)

2 次の計算をしましょう。 30点(1つ5)

① $\begin{array}{r} 2.4 \\ \times 1.6 \\ \hline \end{array}$ ② $\begin{array}{r} 3.8 \\ \times 4.7 \\ \hline \end{array}$ ③ $\begin{array}{r} 6.3 \\ \times 2.8 \\ \hline \end{array}$

④ $\begin{array}{r} 3.8 \\ \times 0.46 \\ \hline \end{array}$ ⑤ $\begin{array}{r} 0.85 \\ \times 7.2 \\ \hline \end{array}$ ⑥ $\begin{array}{r} 0.08 \\ \times 3.14 \\ \hline \end{array}$

3 次の計算をしましょう。 30点(1つ10)

① 2.5) 3.25 ② 3.4) 1.53 ③ 1.65) 5.28

4 次の計算をしましょう。 20点(1つ5)

① $\frac{2}{3}+\frac{1}{5}$ ② $2\frac{1}{2}+1\frac{5}{6}$ ③ $\frac{3}{7}-\frac{1}{3}$ ④ $3\frac{3}{4}-2\frac{1}{6}$

時間 15分　合格 80点　／100

月　日

サクッとこたえあわせ　答え 96ページ

割合（わりあい）／いろいろなグラフ／立体

よく読んで！

1 へいにペンキをぬっています。今までに $16m^2$ ぬりましたが、これは全体の面積の 64％にあたります。残りの面積は何 m^2 ですか。　20点(式10・答え10)

式

答え（　　　　）

2 右のグラフは、ある市の土地利用のようすを表したものです。　40点(1つ10)

① 次の土地の面積の割合は、全体の何％ですか。

住宅地（　　　　）　商業地（　　　　）

② 市全体の面積が $150km^2$ だとすると、商業地の面積は、何 km^2 ですか。

（　　　　）

③ 耕地（こうち）と山林では、どちらの面積の割合が多いですか。

（　　　　）

市の土地利用のようす

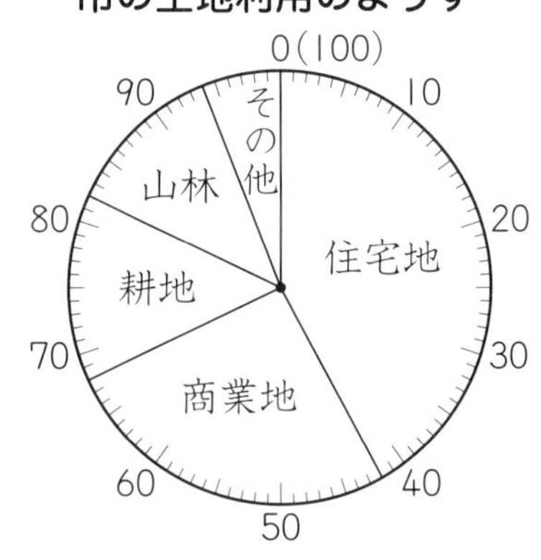

3 次のような立体があります。　40点(1つ8)

あ

① 角柱あの名前を書きましょう。

（　　　　）

② 角柱あの側面はどんな形ですか。

（　　　　）

③ 角柱あの底面に垂直（すいちょく）な辺は何本ありますか。

（　　　　）

い

④ 立体いの名前を書きましょう。

（　　　　）

⑤ 立体いの底面はどんな形ですか。

（　　　　）

●ドリルやテストが終わったら、うしろの「がんばり表」に色をぬりましょう。
●まちがえたら、かならずやり直しましょう。「考え方」もよみ直しましょう。

1. | 小数と整数　1ページ

❶ ①1000、10、1　②1、0.1、0.001
❷ ①100、1、0.1、0.01
②0.1、0.001　③1、3、8、4
❸ ①0.123456789　②1.023456789

考え方 ❶ 整数も小数も10個集まると位が1つ上がり、10等分すると位が1つ下がります。1から下は10等分するごとに、0.1、0.01、0.001となります。
❸ ②一の位に1をおき、小数点のあと、残りの数字を小さい順にならべます。

2. | 小数と整数　2ページ

❶ 10倍…15.8　100倍…158
1000倍…1580
❷ ①10倍…176　100倍…1760
1000倍…17600
②10倍…94.2　100倍…942
1000倍…9420
③10倍…0.5　100倍…5
1000倍…50
❸ ①10倍　②100倍
③100倍　④1000倍

考え方 ❷ ある数を10倍、100倍、1000倍すると、もとの数の小数点は、それぞれ右へ1けた、2けた、3けた移ります。
❸ ③0.7を10倍すると7、さらに10倍すると70になるので、100倍です。

3. | 小数と整数　3ページ

❶ $\frac{1}{10}$…26.8　$\frac{1}{100}$…2.68
❷ ①59.4　②6.072
③36.57　④0.853
❸ ①1.89　②4.713
③0.062　④0.2951
❹ ①$\frac{1}{100}$　②$\frac{1}{10}$　③$\frac{1}{100}$

考え方 ❷ ある数を$\frac{1}{10}$にすると、小数点は左へ1けた移ります。

4. 2 合同な図形　

❶ ㋐と㋒、㋑と㋓
❷ ①辺DE　②頂点B　③角F
❸ ①辺BC…辺HE、辺EF…辺CD
②頂点D…頂点F、頂点G…頂点A
③角B…角H、角E…角C
④角ヒ

考え方 合同な図形では、対応する辺どうし、対応する角どうしに注意して記号を書きましょう。

5. 2 合同な図形　5ページ

❶ ㋒
❷

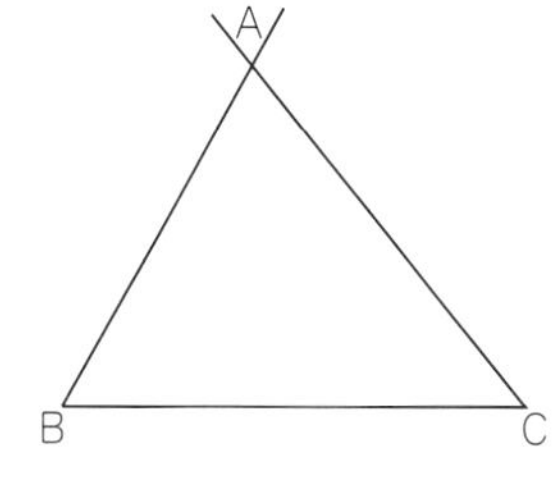

❸ 省略

考え方　三角形は、次の辺の長さや角の大きさがわかればかくことができます。
①3つの辺の長さ。
②2つの辺の長さと、その間の角の大きさ。
③1つの辺の長さと、その両はしの角の大きさ。
❶ コンパスは辺などの長さをとるときに使います。
❸ まず、2.5cmの辺をかき、次に60°の角をとって、5cmの辺をかきます。そのあとに、135°と75°の角をとります。

6　3　比例（ひれい）　6ページ

❶ ①㋐24　㋑32　㋒40
㋓39　㋔47　㋕55
②8cm　③95cm
❷ ①2　②4
③㋐6、6
㋑40、40、6、240、240

考え方　❶ 全体の高さは、積み重ねた箱の高さよりも台の高さ分だけ高くなります。

7　3　比例　7ページ

❶ ①㋐90　㋑135　㋒270　㋓540
②2.5倍　③15×□=○
❷ ①2倍　②3倍　③切手のまい数
④12まい

考え方　❶ 長さが2倍、3倍、…になると、重さも2倍、3倍、…になります。
❷ ③まい数が2倍、3倍、…になると、代金も2倍、3倍、…になります。

8　4　平均（へいきん）　8ページ

❶ 式　(2+4+6+0+5)÷5=3.4
答え　3.4人
❷ ①　式　(6.32+6.26+6.33+6.34+6.3)÷5=6.31
6.31÷10=0.631→0.63
答え　約0.63m
②　式　0.63×70=44.1→44
答え　約44m

答え　72点
②　式　72−55=17、86−55=31、75−55=20
(17+0+31+20)÷4+55
=17+55=72
答え　72点

考え方　❸ ②最も低い得点55点を基準（きじゅん）として定め(55点を0とみて)、その他の数量は、55との差で表します。こうして出した平均に基準として定めた55をたして正しい平均を求めることができます。

9　5　倍数と約数　9ページ

❶ ①偶数（ぐうすう）…36、76、84
②奇数（きすう）…17、23、41、67、99
❷ ①24cm　②8の倍数
❸ ①3、6、9、12
②6、12、18、24
③7、14、21、28

考え方　❸ ①3×1、3×2、3×3、……のように、3を整数倍してできる数が3の倍数です。倍数は、0をのぞいて考えます。

10　5　倍数と約数　10ページ

❶ 6、12、18
❷ ①15、20、30、35、45
②15、30、45
③15
④15
❸ ①公倍数18、36、54　最小公倍数18
②公倍数30、60、90　最小公倍数30
❹ ①30　②80　③12

考え方　公倍数の求め方は、❶と❷の2通りの方法があります。❶は、2つの数の倍数をならべて、共通な数をさがす方法です。❷は、大きい方の数の倍数を先に求めて、その中から小さい方の数でわり切れる数をさがす方法です。

11. 5 倍数と約数 11ページ

1 ① ① ② 3 4 ⑤ 6 7 8 9 ⑩
②1、2、5、10

2 1、4、10

3 ①1、3、9
②1、3、5、15
③1、3

考え方 **2** 約数を求めるときは、組にして考えるとまちがいが少なくなります。

12. 5 倍数と約数 12ページ

1 ①公約数 1、3　最大公約数 3
②公約数 1、2、4、8　最大公約数 8

2 7人

3 ①7　②2

4 4、12

考え方 **3** いちばん小さい数の約数から考えます。

13. 6 単位量あたりの大きさ(1) 13ページ

1 ①ぁ　②ぅ
③ぁ40÷[10]=[4](人)
ぅ30÷[6]=[5](人)
④ぅ

2 **式** $5m^2$の小屋　7÷5=1.4
$8m^2$の小屋　12÷8=1.5
答え $8m^2$の小屋

3 **式** 6両の電車　960÷6=160
10両の電車　1570÷10=157
答え 6両の電車

考え方 **1** ①シートの大きさが同じときは、人数の多い方がこんでいるといえます。
②人数が同じときは、シートの大きさの小さい方がこんでいるといえます。
④$1m^2$ あたりの人数を比(くら)べます。

14. 6 単位量あたりの大きさ(1) 14ページ

1 ① **式** 25300÷31=816.1…
答え 816人
② **式** 17800÷23=773.9…
答え 774人
③南町

2 ① **式** 420÷6=70
答え 70g
② **式** 70×8=560
答え 560g
③ **式** 280÷70=4
答え 4m

考え方 **1** 人口密度(じんこうみつど)=人口÷面積 です。
2 ③1mあたりの重さが70gです。280gは、280÷70=4より、4倍です。したがって長さも4倍になります。

15. 6 単位量あたりの大きさ(1) 15ページ

1 **式** かよ子さん　48.6÷9=5.4
おさむさん　69.6÷12=5.8
答え おさむさんの家の畑

2 ① **式** ㋐の印刷機　64÷4=16
㋑の印刷機　119÷7=17
答え ㋑の印刷機
② **式** 17×22=374
答え 374まい
③ **式** 400÷16=25
答え 25分

考え方 **1** $1m^2$ あたりに採(と)れたたまねぎの重さのように、「単位量あたりの大きさ」を比べます。

1

① 30 ×4.8 / 240 / 120 / 144.0

② 7 ×3.4 / 28 / 21 / 23.8

③ 50 ×3.7 / 350 / 150 / 185.0

④ 40 ×2.6 / 240 / 80 / 104.0

⑤ 90 ×1.4 / 360 / 90 / 126.0

⑥ 80 ×4.7 / 560 / 320 / 376.0

⑦ 8 ×1.3 / 24 / 8 / 10.4

⑧ 3 ×5.7 / 21 / 15 / 17.1

⑨ 6 ×2.8 / 48 / 12 / 16.8

⑩ 14 ×3.9 / 126 / 42 / 54.6

⑪ 17 ×5.2 / 34 / 85 / 88.4

⑫ 22 ×3.6 / 132 / 66 / 79.2

⑬ 63 ×2.7 / 441 / 126 / 170.1

⑭ 15 ×2.8 / 120 / 30 / 42.0

⑮ 32 ×6.5 / 160 / 192 / 208.0

⑯ 24 ×5.3 / 72 / 120 / 127.2

2 式 12×6.4=76.8

答え 76.8km

考え方 **1** かけられる数が2けたの整数になっても、計算のしかたは同じです。答えの小数点の位置は、かける数の小数点の位置に合わせます。小数第一位が0になったときは、その0と小数点にななめの線を引いて消します。

2 ガソリンの量が6.4倍になると、自動車が走る道のりも6.4倍になります。計算は筆算でします。

1

① 1.4 ×2.1 / 14 / 28 / 2.94

② 4.7 ×1.3 / 141 / 47 / 6.11

③ 2.6 ×3.2 / 52 / 78 / 8.32

④ 7.3 ×1.5 / 365 / 73 / 10.95

⑤ 4.8 ×2.3 / 144 / 96 / 11.04

⑥ 5.4 ×1.6 / 324 / 54 / 8.64

⑦ 3.8 ×6.2 / 76 / 228 / 23.56

⑧ 5.6 ×4.3 / 168 / 224 / 24.08

⑨ 2.9 ×7.4 / 116 / 203 / 21.46

⑩ 8.4 ×5.2 / 168 / 420 / 43.68

⑪ 7.3 ×4.6 / 438 / 292 / 33.58

⑫ 9.5 ×3.7 / 665 / 285 / 35.15

⑬ 4.3 ×6.8 / 344 / 258 / 29.24

⑭ 6.8 ×7.4 / 272 / 476 / 50.32

⑮ 8.2 ×4.9 / 738 / 328 / 40.18

⑯ 5.7 ×9.3 / 171 / 513 / 53.01

2 式 3.7×4.8=17.76

答え 17.76kg

考え方 **1** 答えの小数点は、かけられる数とかける数の小数点より下のけた数の数の和だけ、右から数えてつけます。小数点より下のけたは、いずれもかけられる数では1けた、かける数でも1けただから、積の小数点より下のけたは、1+1=2より、2けたになります。

2 鉄のぼうの長さが4.8倍になると、その重さも4.8倍になります。

18 7 小数のかけ算 18ページ

1

①
```
   3.14
×  2.8
 2512
 628
 8.792
```
②
```
   6.04
×  4.2
 1208
2416
25.368
```
③
```
   7.26
×  5.4
 2904
3630
39.204
```
④
```
    1.4
×3.53
    42
   70
 42
4.942
```

2

①
```
  0.4
×7.5
   20
 28
3.00
```
②
```
  3.5
×1.8
 280
 35
6.30
```
③
```
   4.2
 ×3.5
  210
 126
14.70
```
④
```
   6.8
 ×2.5
  340
 136
17.00
```
⑤
```
  7.5
×1.2
 150
 75
9.00
```
⑥
```
   3.8
 ×4.5
  190
 152
17.10
```
⑦
```
   3.6
 ×7.5
  180
 252
27.00
```
⑧
```
   8.4
 ×1.5
  420
  84
12.60
```
⑨
```
   3.5
 ×9.2
    70
 315
32.20
```
⑩
```
     3.8
  ×2.65
    190
   228
  76
10.070
```

3 式 7.3×0.6=4.38

答え 4.38g

4 式 0.9×0.7=0.63

答え 0.63kg

考え方 **2** 小数点より右の終わりの0は消しておきます。かけられる数が1より小さいときも、計算のしかたは同じです。

19 7 小数のかけ算 19ページ

1

①
```
  3.2
×0.4
 1.28
```
②
```
  0.3
×0.7
 0.21
```
③
```
  4.8
×0.6
 2.88
```
④
```
  5.2
×0.9
 4.68
```
⑤
```
  2.7
×0.3
 0.81
```
⑥
```
  1.6
×0.4
 0.64
```
⑦
```
  0.1
×0.6
 0.06
```
⑧
```
  0.2
×0.4
 0.08
```
⑨
```
  2.36
×  0.6
 1.416
```
⑩
```
  4.09
×  0.7
 2.863
```
⑪
```
  0.75
×  0.8
 0.600
```
⑫
```
  0.09
×  0.3
 0.027
```

2 式 2.5×3.7=9.25

答え 9.25m²

3 式 0.4×3.5=1.4

答え 1.4m²

考え方 **1** 1より小さい小数をかけると、積は、かけられる数より小さくなります。答えが出たら、かけられる数より小さくなっているかどうかを確(たし)かめましょう。

20 7 小数のかけ算 20ページ

1 ①1.6、4、7.2　②0.7、6、4.2、10.2

2 ①3.2　②4　③0.2、0.6
④6.4、10

3 ①(5.7+4.3)+6.9=10+6.9=16.9
②3.8×(4×5)=3.8×20=76
③(7.4+2.6)×4.2=10×4.2=42
④(6.7−0.7)×2.5=6×2.5=15
⑤2.2×(10−1)=22−2.2=19.8
⑥(4−0.2)×4=16−0.8=15.2

考え方 計算のきまりの式を使うと、計算がかんたんになることがあります。

1 ①たす順序(じゅんじょ)をかえても、和は変わりません。

②(■+▲)×●=■×●+▲×●

2 ①たす順序をかえても、和は変わりません。

②かける順序をかえても、積は変わりません。

③(■−▲)×●=■×●−▲×●

④■×●+▲×●=(■+▲)×●

21 7 小数のかけ算 21ページ

1

① 9 ×0.8 = 7.2

② 8 ×2.5 = 20.0

③ 32 ×4.3
96
128
137.6

④ 40 ×6.7
280
240
268.0

⑤ 7.5 ×2.9
675
150
21.75

⑥ 3.6 ×4.8
288
144
17.28

⑦ 5.9 ×2.4
236
118
14.16

⑧ 6.8 ×5.3
204
340
36.04

⑨ 7.06 × 4.6
4236
2824
32.476

⑩ 4.65 × 3.8
3720
1395
17.670

⑪ 0.27 × 0.7 = 0.189

⑫ 0.07 × 0.9 = 0.063

2 ①(4×2.5)×3.8=10×3.8=38

②(0.4×5)×9.3=2×9.3=18.6

③(5.4−4.9)×0.8=0.5×0.8=0.4

④0.7×(8.1+1.9)=0.7×10=7

3 式 2.65×1.8=4.77

答え 4.77kg

考え方 **2** 計算のきまりの式にあてはめて計算します。

③■×●−▲×●=(■−▲)×●

④●×■+●×▲=●×(■+▲)

おうちのかたへ 計算の順番を変えたり、(　)を使って数をまとめたりしてくふうします。

22 8 小数のわり算 22ページ

1

① 5
16)80
80
0

② 18
25)450
25
200
200
0

③ 6
15)90
90
0

16)80
80
0

12)60
60
0

35)560
35
210
210
0

⑦ 25
36)900
72
180
180
0

⑧ 12
45)540
45
90
90
0

2 式 63÷4.2=15

答え 15L

考え方 **1** わる数、わられる数を10倍して、わる数を整数にしてから計算します。

23 8 小数のわり算 23ページ

1

① 5
1.5)7.5
75
0

② 3
3.2)9.6
96
0

③ 4
1.8)7.2
72
0

④ 7
1.4)9.8
98
0

⑤ 7.2
1.3)9.36
91
26
26
0

⑥ 3.7
2.1)7.77
63
147
147
0

⑦ 4.8
1.9)9.12
76
152
152
0

2 式 8.5÷1.7=5

答え 5本

考え方 **1** わる数が整数になるように、わる数とわられる数の小数点を、同じけた数だけ右に移(うつ)します。商の小数点の位置は、わられる数の右に移した小数点の位置になります。

24. 8 小数のわり算 24ページ

❶ 式 1.8÷0.4=4.5　答え 4.5kg

❷
① 2.6
2.5)6.5
50
150
150
0

② 0.5
4.2)2.1
210
0

③ 3.5
2.6)9.1
78
130
130
0

④ 5.6
1.5)8.4
75
90
90
0

⑤ 0.6
4.5)2.7
270
0

⑥ 4.5
3.2)14.4
128
160
160
0

⑦ 2.4
3.45)8.28
690
1380
1380
0

⑧ 1.4
0.45)0.63
45
180
180
0

考え方 ❷ わられる数に0をつけたして、わり進めて計算します。商の小数点は、わられる数の右に移した小数点にそろえてつけます。

25. 8 小数のわり算 25ページ

❶
① 3.14
2.7)8.5
81
40
27
130
108
22
約 3.1

② 5.38（4）
1.3)7.0
65
50
39
110
104
6
約 5.4

③ 2.67（7）
3.4)9.1
68
230
204
260
238
22
約 2.7

④ 37.23
0.47)17.50
141
340
329
110
94
160
141
19
約 37.2

❷ 式 20.8÷3.6=5.77…
答え 約 5.8m

考え方 ❷ 文章題で商を四捨五入(ししゃごにゅう)したものは、答えに「約」をつけましょう。

26. 8 小数のわり算 26ページ

❶
① 7
0.6)4.6
42
0.4
7あまり 0.4
確(たし)かめ
0.6×7+0.4=4.6

② 5
0.9)5.2
45
0.7
5あまり 0.7
確かめ
0.9×5+0.7=5.2

③ 6
1.4)9.0
84
0.6
6あまり 0.6
確かめ
1.4×6+0.6=9

❷ 式 4÷0.3=13 あまり 0.1
答え 13本できて、0.1L あまる。

❸ 式 43.7÷1.7=25 あまり 1.2
答え 25ふくろできて、1.2kg あまる。

考え方 わる数×商＋あまり＝わられる数で答えの確かめをします。

27. 8 小数のわり算 27ページ

❶ ①2.6　②い 1.8　う 2.6　え 4.68

❷ ①3.2　②い 8　う 3.2　え 2.5

考え方 ❶ 花だんの面積が2.6倍になれば、水も2.6倍必要になります。

28. 8 小数のわり算 28ページ

❶
① 4
2.1)8.4
84
0

② 11
5.7)62.7
57
57
57
0

③ 45
1.8)81.0
72
90
90
0

④ 35
1.6)56.0
48
80
80
0

⑤ 6.2
0.4)2.48
24
8
8
0

⑥ 1.4
0.5)0.7
5
20
20
0

6.2)3.4.1 　 3.05)3.66.
310 　 305
310 　 610
310 　 610
0 　 0

2 ① 2.4)3.5 → 1.45
24
110
96
140
120
20
約 1.5

② 0.6)4.3 → 7.16
42
10
6
40
36
4
約 7.2

3 式　8÷1.8=4 あまり 0.8
答え　4 本できて、0.8L あまる。

4 式　9.8÷2.8=3.5
答え　$3.5m^2$

考え方 **4** 9.8L の中に、2.8L はいくつ分あるかを考えます。

29. 倍の計算～小数倍～ 　29ページ

1 ①　式　48÷30=1.6
答え　1.6 倍
②　式　30÷12.5=2.4
答え　2.4 倍
③　式　10.25÷12.5=0.82
答え　0.82 倍

2 ①　式　30×2=60
答え　60cm
②　式　30×1.5=45
答え　45cm
③　式　30×0.8=24
答え　24cm

考え方 **1** ③㋒は㋐より小さいので、1 より小さい数になります。
2 ③0.8 倍は 1 倍より小さいので、もとの高さより低くなります。

30. 小数と整数／合同な図形 　30ページ

1 ①16.3　②2830　③0.307
④0.594

2 ①、④、⑥

3 角H(エイチ)…87°　辺EH(イー)…16cm

考え方 **3** 頂点B(ちょうてんビー)と頂点E、頂点C(シー)と頂点H、頂点D(ディー)と頂点G(ジー)が対応(たいおう)しています。

31. 比例(ひれい)／平均(へいきん)／倍数と約数 　31ページ

1 ①㋐18　㋑24　㋒30　㋓36
②6×□=○
③　式　6×12=72　　答え　72g

2 式　(8+2+6+3+4)÷5=4.6
答え　4.6 さつ

3 正方形の 1 辺の長さ…12 cm
カードのまい数…6まい

考え方 **3** 4 と 6 の最小公倍数は、12 です。

おうちのかたへ 合格点にならなかった人は、ドリルをもう一度やり直しておきましょう。

32. 単位量あたりの大きさ(1)／小数のかけ算／小数のわり算 　32ページ

1 式　$15m^2$の花だん　120÷15=8
$12m^2$の花だん　108÷12=9
答え　$12m^2$ の花だん

2 式　37000÷260=142.3…
答え　142 人

3 ①20.4　②176.4　③42.12
④36.98

4 ①37　②8　③18　④3.4

5 ①　式　2.38×2.5=5.95
答え　5.95kg
②　式　7.85÷1.5=5 あまり 0.35
答え　5 ふくろできて、350g あまる。

考え方 **1** $1m^2$ あたりの球根の数を求めて比べます。
2 人口密度(じんこうみつど)は $1km^2$ あたりの人数のことで、人口を面積でわって求めます。

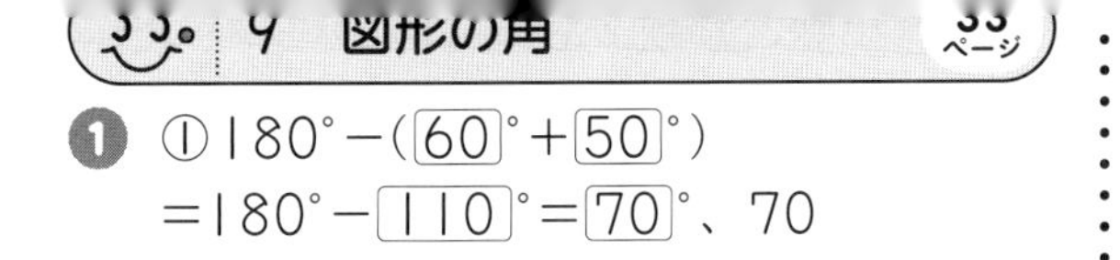

❶ ①180°−([60]°+[50]°)
=180°−[110]°=[70]°、70
②40　③110　④50　⑤35

❷ ①70　②45　③140　④70
⑤130

考え方 どんな三角形でも、3つの角の大きさの和は180°になります。
❷ ④35°+35°=70°
⑤90°+40°=130°

34. 9　図形の角　34ページ

❶ ①360°−([130]°+[60]°+[70]°)
=360°−[260]°=[100]°、100
②120　③65　④80　⑤60
⑥130

❷ ①105　②135

考え方 ❶ ⑤、⑥は、となりどうしの角の和が180°なので、これを利用してもよいです。

35. 9　図形の角　35ページ

❶ ①四角形　②六角形　③三角形
④五角形

❷ ①4本　②5つ　③900°

❸ ①540°　②720°

考え方 ❶ 何本の直線でかこまれているかを調べます。
❷ ①となりの頂点(ちょうてん)をのぞいて、すべての頂点に引きます。

36. 10　単位量あたりの大きさ(2)　36ページ

❶ ①つよし　②つよし
③けんじさん　510÷[3]=[170]
　まことさん　600÷[4]=[150]
④けんじ

❷ 式　バス　156÷3=52
　トラック　200÷4=50
答え　バス

❸ 式　657÷9=73、355÷5=71
答え　9分間に657m歩く人

考え方 ❷ 速さ＝道のり÷時間で求めます。バスの時速は、156÷3=52より、時速52kmです。トラックの時速は、200÷4=50より、時速50kmです。

37. 10　単位量あたりの大きさ(2)　37ページ

❶ ①　式　1時間＝3600秒
18000÷3600=5
答え　秒速5m
②　式　4×3600=14400
14400m=14.4km
答え　時速14.4km
③自転車

❷ Ⓐ(あ)

❸ 式　340×60×60=1224000
1224000m=1224km
答え　時速1224km

考え方 ❷ 分速にそろえて考えると、
(あ)45000÷60=750より、分速750m
(う)12×60=720より、分速720m
❸ 時速＝秒速×60×60　単位はkmなので注意しましょう。

38. 10　単位量あたりの大きさ(2)　38ページ

❶ ①　式　[30]×[2]=[60]
答え　60km
②　式　30×5=150
答え　150km

❷ ①　式　50×□=250
□=250÷50
□=5
答え　5時間
②　式　325÷50=6.5
答え　6.5時間

❸ ①　式　300×40=12000
答え　12000m
②　式　2.7km=2700m
2700÷300=9
答え　9秒(間)

考え方 時間＝道のり÷速さで求めます。道のりの単位と速さの長さを表す単位がちがうときは、まず、単位をそろえましょう。

39. 11 分数のたし算とひき算 39ページ

❶ ① $\frac{3}{6}$、$\frac{4}{8}$、$\frac{5}{10}$　② $\frac{2}{6}$、$\frac{3}{9}$　③ $\frac{2}{10}$

❷ ① $\frac{1}{7}=\frac{2}{14}=\frac{3}{21}=\frac{4}{28}$

② $\frac{1}{8}=\frac{2}{16}=\frac{5}{40}=\frac{6}{48}$

③ $\frac{8}{48}=\frac{4}{24}=\frac{2}{12}=\frac{1}{6}$

④ $\frac{8}{32}=\frac{4}{16}=\frac{2}{8}=\frac{1}{4}$

考え方 ❶ 数直線で、0からの位置が同じところにある分数は、同じ大きさです。

40. 11 分数のたし算とひき算 40ページ

❶ ①1、2、3、6

② $\frac{9}{12}$、$\frac{6}{8}$　③6　④ $\frac{3}{4}$

❷ ① $\frac{16}{20}=\frac{8}{10}=\frac{4}{5}$　② $\frac{9}{27}=\frac{3}{9}=\frac{1}{3}$

❸ ① $\frac{1}{2}$　② $\frac{1}{5}$　③ $\frac{3}{4}$

④ $\frac{2}{3}$　⑤ $\frac{5}{6}$　⑥ $\frac{3}{7}$

考え方 ❸ 分母と分子をそれぞれ次の数でわります。

①3でわる　②2でわる　③2でわる

④4でわる　⑤4でわる　⑥5でわる

約分（やくぶん）するときは、分母と分子の数がもっとも小さくなるまでしましょう。

41. 11 分数のたし算とひき算 41ページ

❶ $\left(\frac{8}{12}\right.$ と $\left.\frac{9}{12}\right)$、$\left(\frac{16}{24}\right.$ と $\left.\frac{18}{24}\right)$

❷ ①<　②<　③>　④=

❸ ①9、$\left(\frac{3}{9}、\frac{4}{9}\right)$　②24、$\left(\frac{20}{24}、\frac{3}{24}\right)$

❹ ① $\frac{2}{5}<\frac{1}{2}<\frac{3}{4}$　② $\frac{1}{12}<\frac{2}{9}<\frac{5}{18}$

考え方 通分（つうぶん）するときの分母は、2つの分母の最小公倍数にします。

❸ ②6と8の最小公倍数は24だから、

$\frac{5}{6}=\frac{5\times4}{6\times4}=\frac{20}{24}$、$\frac{1}{8}=\frac{1\times3}{8\times3}=\frac{3}{24}$

42. 11 分数のたし算とひき算 42ページ

❶ ① $\frac{1}{3}+\frac{1}{4}=\frac{4}{12}+\frac{3}{12}=\frac{7}{12}$

② $\frac{1}{2}+\frac{2}{5}=\frac{5}{10}+\frac{4}{10}=\frac{9}{10}$

❷ ① $\frac{1}{2}+\frac{1}{6}=\frac{3}{6}+\frac{1}{6}=\frac{4}{6}=\frac{2}{3}$

② $\frac{1}{20}+\frac{3}{4}=\frac{1}{20}+\frac{15}{20}=\frac{16}{20}=\frac{4}{5}$

❸ ① $\frac{2}{3}+\frac{3}{5}=\frac{10}{15}+\frac{9}{15}=\frac{19}{15}=1\frac{4}{15}$

② $\frac{3}{4}+\frac{5}{8}=\frac{6}{8}+\frac{5}{8}=\frac{11}{8}=1\frac{3}{8}$

考え方 ❷ 分母のちがう分数のたし算は、通分して同じ分母の分数にしてから計算します。答えが約分できるときは、わすれずに約分しておきます。

43. 11 分数のたし算とひき算 43ページ

❶ ① $1\frac{1}{2}+2\frac{4}{5}=1\frac{5}{10}+2\frac{8}{10}=3\frac{13}{10}=4\frac{3}{10}$

② $1\frac{1}{2}+2\frac{4}{5}=\frac{3}{2}+\frac{14}{5}=\frac{15}{10}+\frac{28}{10}=\frac{43}{10}$

$=4\frac{3}{10}$

❷ 式　$1\frac{2}{3}+3\frac{1}{4}=4\frac{11}{12}$　答え　$4\frac{11}{12}$ kg

❸ ① $4\frac{8}{33}\left(\frac{140}{33}\right)$　② $6\frac{4}{9}\left(\frac{58}{9}\right)$

③ $5\frac{13}{24}\left(\frac{133}{24}\right)$

44. 11 分数のたし算とひき算 44ページ

❶ ① $\frac{4}{5}-\frac{1}{10}=\frac{8}{10}-\frac{1}{10}=\frac{7}{10}$

② $\frac{3}{4}-\frac{1}{3}=\frac{9}{12}-\frac{4}{12}=\frac{5}{12}$

❷ ① $\frac{11}{12}-\frac{1}{4}=\frac{11}{12}-\frac{3}{12}=\frac{8}{12}=\frac{2}{3}$

② $\frac{7}{5}-\frac{3}{4}=\frac{28}{20}-\frac{15}{20}=\frac{13}{20}$

❸ ① $\frac{5}{6}$　② $\frac{23}{42}$　③ $\frac{1}{2}$　④ $\frac{14}{15}$　⑤ $\frac{2}{3}$　⑥ $\frac{17}{18}$

考え方 ❸ ② $\frac{5}{6}-\frac{2}{7}=\frac{35}{42}-\frac{12}{42}=\frac{23}{42}$

⑥ $\frac{7}{6}-\frac{2}{9}=\frac{21}{18}-\frac{4}{18}=\frac{17}{18}$

45 11 分数のたし算とひき算 45ページ

❶ ①$3\frac{1}{2}-2\frac{3}{5}=\frac{7}{2}-\frac{13}{5}=\frac{35}{10}-\frac{26}{10}=\frac{9}{10}$

②$3\frac{1}{2}-2\frac{3}{5}=3\frac{5}{10}-2\frac{6}{10}$

$=2\frac{15}{10}-2\frac{6}{10}=\frac{9}{10}$

❷ 式 $2\frac{1}{6}-1\frac{3}{4}=\frac{5}{12}$　答え $\frac{5}{12}$km

❸ ①$1\frac{7}{10}\left(\frac{17}{10}\right)$　②$3\frac{17}{18}\left(\frac{71}{18}\right)$

❹ ①$\frac{31}{36}$　②$\frac{5}{18}$

考え方 ❹ 3つの分数の分母の最小公倍数を考えます。

46 12 分数と小数・整数 46ページ

❶ あ4÷1、4÷2、4÷4

い4÷5、4÷8

う4÷3、4÷6、4÷7

❷ ①5÷8　②$\frac{5}{8}$m

❸ ①$\frac{2}{3}$　②$\frac{4}{9}$

③$\frac{7}{4}\left(1\frac{3}{4}\right)$　④$\frac{11}{7}\left(1\frac{4}{7}\right)$

❹ ① 式 $18÷12=\frac{18}{12}=\frac{3}{2}$　答え $\frac{3}{2}$倍

② 式 $12÷18=\frac{12}{18}=\frac{2}{3}$　答え $\frac{2}{3}$倍

考え方 ❸ ③④仮分数になる場合、帯分数になおすと、分数の大きさがわかりやすくなります。

47 12 分数と小数・整数 47ページ

❶ ①$\frac{3}{5}$m　②0.6m

❷ ①0.3　②0.39　③5　④2.8

❸ ①$1\frac{9}{10}\left(\frac{19}{10}\right)$　②$\frac{23}{100}$

❹ ①$\frac{3}{1}$　②$\frac{6}{2}$　③3、$\frac{9}{3}$

④$\frac{8}{1}$　⑤$\frac{16}{2}$　⑥3、$\frac{24}{3}$

❺ $\frac{7}{10}$、0.9、$\frac{6}{5}$、$\frac{3}{2}$、$1\frac{3}{4}$、1.8

考え方 ❸ 小数第一位まである数のときは分母を10に、小数第二位まである数のときは分母を100にします。

❺ 分数を小数になおすと、くらべやすくなります。

48 13 割合(わりあい)(1) 48ページ

❶ ① 式 102÷120=0.85

答え 0.85

② 式 41÷50=0.82

答え 0.82

③電車

❷ ①0.75　②1　③0

❸ ① 式 18÷40=0.45

答え 0.45

② 式 19÷38=0.5

答え 0.5

考え方 ❷ ①6÷8=0.75、②36÷36=1、③0÷5=0

49 13 割合(1) 49ページ

❶ ①㋐45　㋑30　㋒5　②100

❷ ①6%　②24%　③0.3　④0.485

❸ ①120%　②35%

考え方 小数で表した割合を100倍すると、百分率(ひゃくぶんりつ)になります。

50 13 割合(1) 50ページ

❶ ①37.5%　3割(わり)7分(ぶ)5厘(りん)

②100%　10割　③5%　5分

❷ ①4割　②7分

③2厘　④6割2分

⑤5分4厘　⑥3割1分9厘

❸ ①0.9　②0.06　③0.005

④0.27　⑤0.803　⑥0.725

考え方 ❷ 歩合(ぶあい)で表すとき、小数第一位→割、小数第二位→分、小数第三位→厘です。

51. 14 図形の面積 51ページ

❶ ①5×3=15、15cm² ②36cm² ③48cm² ④35cm² ⑤26cm²

❷ ① 式 9×5=45 答え 45cm²
② 式 6×7.5=45 答え 45cm²

考え方 平行四辺形の面積を求める公式にあてはめて計算します。
平行四辺形の面積＝底辺(ていへん)×高さ
底辺に垂直(すいちょく)に引いた線が高さになります。

52. 14 図形の面積 52ページ

❶ ①3×6=18、18cm² ②28cm² ③15cm² ④22.5cm² ⑤24cm²

❷ ① 式 56÷7=8 答え 8cm
② 式 24÷6=4 答え 4cm

考え方 ❶ 高さが図形の外にある平行四辺形の面積を求めます。高さは向かい合う1組の辺の間にひいた垂線の長さです。高さをまちがえないように気をつけましょう。

53. 14 図形の面積 53ページ

❶ ①5×4÷2=10、10cm² ②15cm² ③24cm² ④15cm² ⑤13cm²

❷ ① 式 9×8÷2=36 答え 36cm²
② 式 10×7.2÷2=36 答え 36cm²

考え方 三角形の面積を求める公式にあてはめて計算します。
三角形の面積＝底辺×高さ÷2

54. 14 図形の面積 54ページ

❶ ①14cm² ②14cm² ③14cm²

❷ ①54cm² ②15×□÷2 ③7.2cm

❸ ①12cm² ②2.4cm

考え方 ❶ 底辺の長さと高さが等しい三角形の面積は同じです。
❷ ①AB(エービー)を底辺、AC(シー)を高さとして面積を求めます。9×12÷2=54

55. 14 図形の面積 55ページ

❶ ①(4+8)×6÷2=36 36cm²
②35cm²

❷ ①8×5÷2=20 20cm²
②35cm²

❸ 45cm²

考え方 ❸ 対角線が垂直に交わる四角形の面積は、(1つの対角線の長さ)×(もう1つの対角線の長さ)÷2で求めます。

56. 14 図形の面積 56ページ

❶ 10×3÷2=15、10×6÷2=30
15+30=45 45cm²

❷ 62cm²

❸ 26cm²

❹ ①

高さ(cm)	1	2	3	4	5	6	7
面積(cm²)	4	8	12	16	20	24	28

②○=4×□ ③10cm

考え方 ❶ 四角形の面積は、2つの三角形に分けて求めます。
❸ 4×5÷2+4×8÷2=26

57. 14 図形の面積 57ページ

❶ ①15cm² ②86cm² ③10cm² ④51cm²

❷ 9cm

❸ ①24cm² ②3倍 ③12cm

考え方 ❶ ② 四角形は、対角線を引いて2つの三角形に分けると、面積が求めやすくなります。
④(7+10)×6÷2=51

おうちのかたへ 三角形の面積の求め方がわかれば、台形やひし形の面積も求めることができます。面積がすぐに求められるよう、しっかり練習しておきましょう。
また、下にある辺が底辺とは限りません。とりちがえないように気をつけましょう。

58 15　正多角形と円　58ページ

❶ ①　②

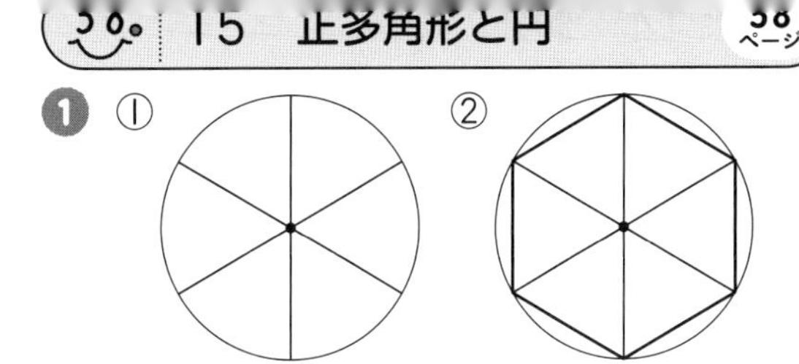

③正六角形

❷ ㋐5　㋑6　㋒8　㋓5　㋔6　㋕8
㋖90°　㋗108°　㋘120°　㋙135°

考え方 ❶ ①円の中心のまわりの角を60°ずつに分けます。

59 15　正多角形と円　59ページ

❶ ①6×3.14=18.84　18.84cm
②4×2=8、8×3.14=25.12
25.12m
③78.5cm　④94.2cm
⑤37.68m

❷ ①□=21.98÷3.14
□=7　7cm
②5cm　③30cm　④16cm

❸ 式　53÷3.14=16.8…→約17
答え　約17m

考え方 ❶ 円周を求める公式にあてはめます。　円周＝直径×3.14

60 図形の角／単位量あたりの大きさ(2)／分数のたし算とひき算　60ページ

★1 ①85　②60　③80
④110　⑤65　⑥130

★2 ①　式　300÷4=75
答え　分速75m
②　式　75×7=525
答え　525m

★3 ①>　②<

おうちのかたへ ★1 角度を求めるときは、計算まちがいをしないようにしましょう。
★3 不等号は大きい方に開く形で書きます。

61 分数のたし算とひき算／割合(1)／図形の面積／正多角形と円　61ページ

★1 ①$\frac{11}{15}$　②$1\frac{5}{24}\left(\frac{29}{24}\right)$
③$3\frac{1}{2}\left(\frac{7}{2}\right)$　④$\frac{1}{21}$
⑤$\frac{1}{12}$　⑥$2\frac{11}{15}\left(\frac{41}{15}\right)$

★2 バス

★3 ①32cm²　②9cm²　③54cm²

★4 ①　式　7×3.14=21.98
答え　21.98cm
②　式　94.2÷3.14=30
答え　30cm

おうちのかたへ ★2 こみぐあいは、(乗客数)÷(定員)を計算して比べます。

62 16　体積　62ページ

❶ ①4個(こ)分　②8個分　③12個分

❷ 同じ

❸ ①8cm³　②12cm³
③24cm³　④27cm³

考え方 ❸ 1cm³の積み木の何個分にあたるかを考えます。

63 16　体積　63ページ

❶ ①8個　②24個　③24cm³
④直方体の体積＝[たて]×[横]×[高さ]

❷ ①4、4、4　②64個　③64cm³
④立方体の体積＝[1辺]×[1辺]×[1辺]

64 16　体積　64ページ

❶ ①　式　2×12×2=48
答え　48cm³
②　式　7.5×5.6×3=126
答え　126cm³

❷ ①　式　12×9×3=324
答え　324cm³
②　式　6×6×6=216
答え　216cm³

❸ ①

高さ(cm)	1	2	3	4	5
体積(cm³)	24	48	72	96	120

②比例(ひれい)する

考え方 ❶ 直方体の体積の公式を使って求めます。
❷ ①組み立てると、たて12cm、横9cm、高さ3cmの直方体ができます。

65 16 体積 65ページ

❶ ①1立方メートル　②$1m^3$
③12個　④$12m^3$
❷ 100cm×[100]cm×[100]cm
=[1000000]cm^3
$1m^3$=[1000000]cm^3
❸ ①0.8 式 0.8×2×5=8 答え $8m^3$
②200、500
式 80×200×500=8000000
答え $8000000cm^3$

66 16 体積 66ページ

❶ ① 式 6×2×10+6×6×5=300
答え $300cm^3$
② 式 6×(8+2)×10÷2=300
答え $300cm^3$
❷ ① 式 15×5×20+15×(15−5−5)×(20−10)+15×5×15
=3375
答え $3375cm^3$
② 式 8×20×8−6×6×6=1064
答え $1064cm^3$

考え方 ❷ ②大きな直方体から小さな立方体を切りとった形です。

67 16 体積 67ページ

❶ ①1　②1000
③1　④1000
❷ 100、1000、1000
❸ ①たての長さ…6cm 横の長さ…6cm
深さ…5cm
② 式 6×6×5=180
答え $180cm^3$

考え方 ❶ cm^3やm^3と、かさの単位であるL、kL、mLの関係をとらえます。
$1m^3$=$1000000cm^3$、1L=$1000cm^3$

68 17 割合(2) 68ページ

❶ ① 式 15÷12=1.25 答え 1.25
② 式 12÷15=0.8 答え 0.8
❷ ① 式 4÷25=0.16 答え 0.16
② 式 25÷4=6.25 答え 6.25
❸ ① 式 35÷28=1.25 答え 1.25
② 式 42÷35=1.2 答え 1.2

考え方 2つの量を比べるとき、割合を使って表すことができます。
比べられる量÷もとにする量＝割合
逆の式をたてないように、どちらがもとにする量かを、よく考えましょう。

69 17 割合(2) 69ページ

❶ 式 500×0.3=150 答え 150g
❷ 式 125×0.24=30 答え 30人
❸ 式 50×1.1=55 答え 55人
❹ 式 2500×(1−0.2)=2500×0.8
=2000
答え 2000円
❺ 式 400×1.2=480 答え 480g

考え方 ❷ 24%は、計算するときは0.24とします。

70 17 割合(2) 70ページ

❶ 式 12÷0.4=30
答え $30m^2$
❷ 式 持っていたお金を□円とすると、
□×0.26=390
□を求める式は、
390÷0.26=1500
答え 1500円
❸ 式 1000÷1.25=800
答え 800円
❹ 式 780×0.15=117
117−100=17
答え B店の方が17円安い。

考え方 ❶ □×0.4=12、□=12÷0.4
❷ もとにする量は、□を使って式をつくり、求められるようにしておきます。

71 18 いろいろなグラフ 71ページ

❶ ①46%　②18%　③16%
④14%、七（7）

❷ ①34%　②23%　③40人
④6%、十七（17）

考え方 ❶ バスは全体の6%です。

72 18 いろいろなグラフ 72ページ

❶ ① 貸し出された本調べ

種類	さっ数（さつ）	百分率（%）
物語	43	57
科学	15	20
社会	11	15
その他	6	8
合計	75	100

② 貸し出された本調べ

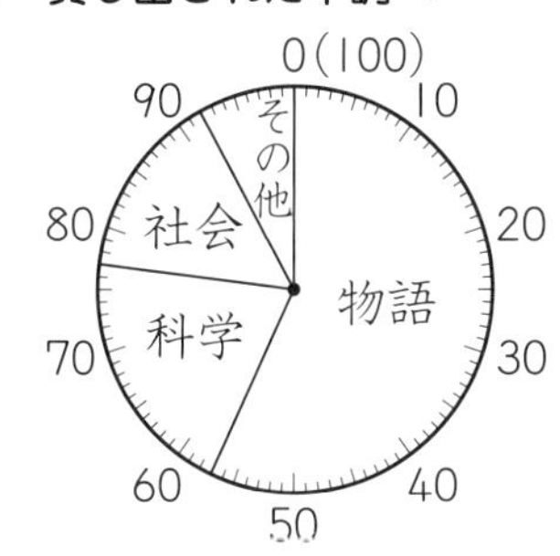

❷ ①24%　②20%　③8%　④下の図

0　10　20　30　40　50　60　70　80　90　100（%）

切りきず | すりきず | 打ぼく | ねんざ | その他

考え方 ❷ 合計が100%にならないときは、百分率の大きいものか、「その他」で調整して、100%になるようにします。

73 19 立体 73ページ

❶ Ⓐ、Ⓤ

❷ ①四角柱、12　②三角柱、9
③五角柱、15

❸ ①円、曲面（きょくめん）　② 平行、長方形
③高さ

考え方 ❶ 大きさが同じで平行な2つの円と曲面でかこまれた立体が円柱です。

74 19 立体 74ページ

❶ ① 五角柱　② 円柱

❷ ① 三角柱
②（右の図）
③9本
④5つ

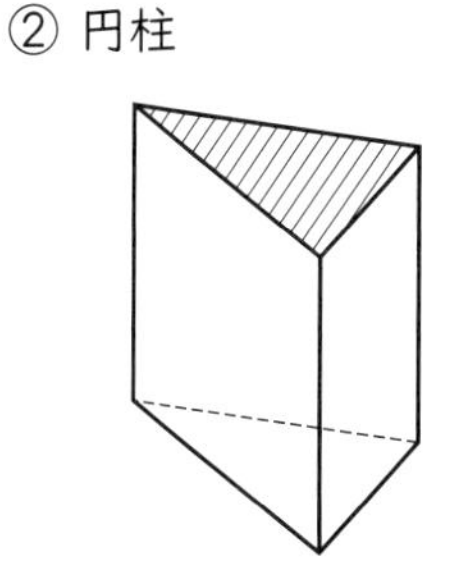

考え方 ❷ ②2つの底面は合同な形になります。しゃ線の三角形と合同な三角形をかきましょう。

75 19 立体 75ページ

❶ ① 三角柱　② 円柱

❷ ① 六角柱　② 長方形　③ 点H（エイチ）
④辺EF（イーエフ）　⑤10cm

考え方 ❷ 側面の長方形のたての長さが角柱の高さになります。

76 20 データの活用 76ページ

❶ ①3、5　②1、2
③ **答え** 7月
理由 来店者数は同じだが、7月の方が予約していた人の割合が大きいから。
④ **答え** 9月
理由 予約していた人の割合は同じだが、9月の方が来店者数が多いから。

考え方 ❶ ③ 予約していた人の数を計算してみましょう。
6月：1500×0.2=300（人）
7月：1500×0.3=450（人）
となります。
④8月の予約していた人の数を計算してみると、1250×0.4=500（人）となります。9月は、1250人よりも多くの人が来店しているので、8月と同じ割合でも、予約していた人の数は、500人よりも多いことがわかります。

77. プログラミングのプ　77ページ

❶ 5、72、5、72、5、72、5、72、5

❷ 4、90、3、90、4、90、3

❸ | 辺が 3cm の正三角形

考え方 ❷ たて 3cm、横 4cm の長方形なので、4cm 進んで左に 90° 曲がり、3cm 進んで左に 90° 曲がります。
❸ 進む数に注意して、ロボットの動きをイメージしましょう。

78. 小数と整数／平均(へいきん) 単位量あたりの大きさ　78ページ

1 ①308.6、3086
②3.086、0.3086

2 式　(68+84+55+93+75)÷5=75
答え　75 点

3 ① 式　72÷6=12
答え　12km
② 式　180÷12=15
答え　15L

4 ① 式　72÷60=1.2
答え　分速 1.2km
② 式　1.5×60=90
90×2=180
180÷72=2.5
答え　2.5 時間

おうちのかたへ 4 ②分速 1.5km で 2 時間走る道のりは、1.5×60×2=180(km)
180km の道のりを時速 72km で走ったときにかかる時間を求めます。

79. 倍数と約数／小数のかけ算／小数のわり算／分数のたし算とひき算　79ページ

1 午前 8 時 30 分

2 ①
```
   2.4
 × 1.6
   144
   24
  3.84
```
②
```
   3.8
 × 4.7
   266
  152
 17.86
```
③
```
   6.3
 × 2.8
   504
  126
 17.64
```
④
```
    3.8
 × 0.46
    228
   152
  1.748
```
⑤
```
  0.85
 ×  7.2
   170
  595
 6.120
```
⑥
```
   0.08
 × 3.14
     32
     8
   24
 0.2512
```

```
2.5)3.2.5
    25
     75
     75
      0
```
```
3.4)1.5.3
    136
     170
     170
       0
```
③
```
         3.2
1.65)5.28
     495
      330
      330
        0
```

4 ① $\frac{13}{15}$　② $4\frac{1}{3}\left(\frac{13}{3}\right)$
③ $\frac{2}{21}$　④ $1\frac{7}{12}\left(\frac{19}{12}\right)$

おうちのかたへ 1 電車が同時に発車するのは、6 と 15 の公倍数になる時間なので、午前 8 時の次に同時に発車するのは、6と15 の最小公倍数の 30 分後になります。

80. 割合(わりあい)／いろいろなグラフ／立体　80ページ

1 式　全体の面積を□ m^2 とすると、
□×0.64=16
□を求める式は、
16÷0.64=25
25−16=9
答え　9m^2

2 ① 住宅地…42%　商業地…26%
②39km^2
③耕地(こうち)

3 ① 三角柱　② 長方形　③3本
④円柱　⑤ 円

おうちのかたへ 2 ③グラフの目もりは、1%です。
耕地は 14%、山林は 12%です。
円グラフや帯グラフでは、「その他」以外は、割合の大きい順に表します。